青藏高原北部

高山冰缘带

植物图谱

陈 哲 周华坤 任 飞 主编

科学出版社
北 京

内 容 简 介

本书收集了青藏高原北部高山冰缘带的223种植物，隶属34科94属，其中中国特有种79种，资源植物178种，易危（VU）植物3种、近危（NT）植物6种，国家一级重点保护野生植物1种、二级重点保护野生植物6种，青海省重点保护野生植物9种。同时，精选了各植物的生境照及根、茎、叶、花、果等器官细节照，简明描述了其形态识别特征，介绍了各物种的生态习性，并总结了其保护等级和资源状况。

本书弥补了青藏高原北部高山冰缘带植物多样性基础研究资料的不足，可作为野外植物多样性调查与物种识别的参考书籍，还可作为生态学、植物学等学科教学与野外实习的参考书。此外，希望通过本书在将高山冰缘带特有植物惊艳的一面展现给世人的同时，提高大众参与生物多样性保护的积极性。

图书在版编目（CIP）数据

青藏高原北部高山冰缘带植物图谱 / 陈哲，周华坤，任飞主编. -- 北京：科学出版社，2025. 6. -- ISBN 978-7-03-081184-4

Ⅰ. Q948.527-64

中国国家版本馆CIP数据核字第2025MN9593号

责任编辑：马　俊　白　雪　闫小敏 / 责任校对：杨　然
责任印制：肖　兴 / 书籍设计：北京美光设计制版有限公司

科 学 出 版 社 出版
北京东黄城根北街16号
邮政编码：100717
http://www.sciencep.com
北京中科印刷有限公司印刷
科学出版社发行　各地新华书店经销
*
2025年6月第　一　版　开本：889×1194　1/16
2025年6月第一次印刷　印张：15 3/4
字数：510 000

定价：228.00元
（如有印装质量问题，我社负责调换）

作 者 简 介

陈 哲

　　青海师范大学教授，生命科学学院副院长，博士生导师，中央组织部"西部之光"访问学者，"昆仑英才"培养拔尖人才，青海省高等学校青年教师"小岛奖励金"获得者。兼青海省青藏高原生物多样性形成机制与综合利用重点实验室副主任，青海省生态学会副秘书长，《植物生态学报》《草地学报》等青年编委。从事高寒生态系统生态学研究，主持第二次青藏高原综合科学考察、国家重点研发计划、国家自然科学基金等课题 10 余项，发表核心论文 20 余篇，撰写专著 8 部，获批专利 15 项。讲授"基础生态学""生物统计学"等课程。

周华坤

　　中国科学院西北高原生物研究所研究员，博士生导师，青海省寒区恢复生态学重点实验室主任。国家"万人计划"科技创新领军人才，科技部中青年科技创新领军人才，"昆仑英才"杰出人才，青海省优秀专家，青海省"最美科技工作者"。中国生态学学会、中国草学会理事，中国生态学学会高寒生态专业委员会副主任委员，青海省生态学会、林学会、草原学会副理事长，青海省湿地保护协会会长，《草地学报》副主编。从事寒旱区退化生态系统修复治理和适应性管理相关研究，获国家和省部级奖 8 项，发表论文 200 余篇。

任 飞

　　青海大学省部共建三江源生态与高原农牧业国家重点实验室副教授，硕士生导师，"昆仑英才"培养拔尖人才，《草地学报》青年编委。主要从事高寒草地生态学研究，讲授本科生"植物学"和研究生"保护生物学"等课程，兼职青藏高原生物多样性调查。主持完成国家自然科学基金青年项目和青海省自然科学基金青年项目各 1 项，在研国家自然科学基金区域创新发展联合基金课题 1 项，参与国家级、省部级课题多项，发表 SCI 论文 15 余篇，主编《青海省海南藏族自治州维管植物图谱》等专著 3 部，参编专著多部。

编辑委员会

支撑项目

第二次青藏高原综合科学考察研究专题（2019QZKK0302-02）：草地生态系统与生态畜牧业。

国家重点研发计划（2023YFF1304300）：青藏高原典型自然保护地生态系统保护恢复及多功能提升技术与示范。

国家自然科学基金（32260288）：冻融作用对暖湿情景下高山垫状植被生态系统土壤氮库驱动作用机制。

国家自然科学基金（U21A20186）：三江源区退化高寒草地可持续性恢复过程与机制研究。

青海省自然科学基金（2024-ZJ-707）：暖湿化对冰缘带垫状植被生态系统碳汇功能影响研究。

国家自然科学基金（U21A20185）：气候变化和人为干扰下高寒草地植物功能群、固碳功能和氮承载力的作用机制。

国家自然科学基金（31901171）：冷龙岭南坡高山草线过渡带植物的群落特征、分布格局及变化机制。

2020 年第二批林业草原生态保护恢复资金——祁连山国家公园青海片区生物多样性保护项目（QHTX-2021-009）：气候干扰和人为干扰下祁连山国家公园青海片区高寒草地生物多样性与生态系统功能关系研究。

国家自然科学基金（32371684）：气候变化和人为干扰下高寒草甸生物多样性与生态系统功能关系研究。

青海省"帅才科学家负责制"项目（2024-SF-102）：三江源草地多功能性相关的科学问题、关键技术及创新范式研究。

前　　言

　　高山冰缘带是全球最具野性的一类高寒生态系统，而高山流石滩是冰缘带中雪线和草线之间的重要过渡带，也是有性繁殖植物分布海拔最高的极限环境。由于这类生境处于山体顶部，山峰间具有较大的地理隔离，因此植物种群的基因变异和适应性演化局限在有限范围，导致生存在冰缘带的绿绒蒿属、龙胆属、虎耳草属、红景天属等植物具有极高的特有性。同时，在低温、强辐射、冰冻、养分贫瘠等严酷环境的驱动下，植物在生活型、形态等方面表现出很强的耐逆性，如对寒冷具有较强适应性的雪兔子等绵毛植物及雪莲等温室植物。另外，为了在极端环境下维持正常的生理代谢或者通过化学防御降低被采食的风险，植物往往会合成大量花青素类、萜类、酚类和生物碱类等次生代谢产物，这些天然产物具有重要的药用价值，如红景天、贝母、雪莲等植物就是冰缘带典型的重要资源生物，也是国家重点保护植物。总之，高山冰缘带并不荒芜，是"隐秘的空中花园"，更是人类耐逆基因和生物资源的宝库。

　　长久以来，受环境条件限制，人们对冰缘带植物多样性的认识十分有限。目前国内仅在横断山地区就高山植物区系做了较系统的调查，而祁连山等区域冰缘带的植物背景数据较少，相应的植物图谱等基础资料更是空白。为此，作者团队于 2019～2024 年耗时 6 年（累计行程 5000km，徒步超过 400km），详细调查了祁连山全境和昆仑山东段（阿尼玛卿山、巴颜喀拉山等）高山冰缘带的植物多样性，重点拍摄了高山草线至冰川前端（海拔范围 3600～5500m）这一地带的植物生境照及根、茎、叶、花等器官细节照，共拍摄 223 种植物，隶属 34 科 94 属，其中中国特有种 79 种（占比 35%），资源植物 178 种（占比 80%），易危（VU）植物 3 种（华福花 Sinadoxa corydalifolia、唐古红景天 Rhodiola tangutica、荨麻叶报春 Primula urticifolia），近危（NT）植物 6 种（玉龙蕨 Polystichum glaciale、斑花黄堇 Corydalis conspersa、多刺绿绒蒿 Meconopsis horridula、匍匐水柏枝 Myricaria prostrata、紫罗兰报春 Primula purdomii、盘状合头菊 Syncalathium disciforme），国家一级重点保护野生植物 1 种、二级重点保护野生植物 6 种，青海省重点保护野生植物 9 种。同时，在调查到的冰缘带典型植物中，有 1/3（70 余种）仍处于数据缺乏（DD）或未评估（NE）状态，如对叶红景天 Rhodiola subopposita、五脉绿绒蒿 Meconopsis quintuplinervia、绵参 Eriophyton wallichii、短筒兔耳草 Lagotis brevituba 等都是重要的野生药用资源植物，由于缺少必要的调查数据，濒危等级未确定或未被纳入保护植物范畴，但并不意味着其野外种群数量可观。相信随着冰缘带植物多样性研究的持续深入，未来会有更多特有种得到重视与保护。

为了更好地帮助读者使用本图谱，对书中所使用的参考资料在此做简单说明：植物科的排序以被子植物 APG Ⅲ 分类系统为准，物种的名称以物种 2000 中国节点（2022）为标准，生物学特性及分布区介绍主要参考《中国植物志》、*Flora of China*、《昆仑植物志》、《青海植物志》和《西藏植物志》等，保护等级、濒危状况界定参考《国家重点保护野生植物》（2021 版）、《中国物种红色名录（植物部分）》、《世界自然保护联盟濒危物种红色名录》和《青海省重点保护野生植物名录》（第一批和第二批）；另外，植物的药用或其他资源属性重点查阅了《晶珠本草》、《青藏药鉴》、《青藏高原药物图鉴》、《青海药用植物图谱》和《青海野生药用植物》等。

本图谱能够填补青藏高原北部高山冰缘带植物多样性调查的不足，可作为祁连山、昆仑山等高海拔地区植物野外识别的参考手册，希望能为科研教学单位、林草部门等开展草地调查、野外科考、植物学教学等提供必要支撑。在我们调查到的 223 种植物中，濒危等级数据缺乏或未被评估的种数达到 77 种，占比高达近 35%。可见仅仅在我们调查的区域中，冰缘带就有超过 1/3 植物的野外生存状态、种群规模等信息尚不清楚，其他区域是否还有更多植物具有较高的灭绝风险更不得而知。千万年来，植物通过演化形成的资源库、基因库是自然给予人类的最宝贵财富，如果在还没有很好地认识这些财富前，其便在气候变化和人类干扰下消失，这种遗憾是无法挽回的。冰缘带中还有很多未知和惊喜等着我们去发现！期望未来能够获得更多的支持和机会持续深入开展青藏高原冰缘带植物多样性及生态系统功能研究，将一个更美丽、更完整的高山冰缘带生态系统早日展示给世人。

本图谱的完成得到了第二次青藏高原综合科学考察研究、国家重点研发计划、国家自然科学基金等项目的大力支持；陈振宁、苏清海、张国铭、宋魁、白瑜、王舰艇、李小伟、张磊等老师在野外工作和物种识别方面给予了无私的帮助，在此一并表示感谢！

限于作者水平及高山植物的形态可塑性大等，虽经反复查正和修改，部分物种的鉴定难免仍有疏漏和错误，敬请读者批评指正！

编　者

2024 年 12 月 12 日

目　　录

第一章

高山冰缘带的
环境与植被

青藏高原被誉为"地球第三极"，其高海拔造就了大面积的高山冰缘带，而冰缘带位于雪线（冰川）下缘、灌丛草甸上缘、海拔 3800～6000m（受局部环境影响，不同区域分布范围并不相同），大致与冻土区重合（图 1）。青藏高原的诸多高山地带，特别是冰川和山地岛状冻土分布区，在强烈的寒冻风化、冻融交替、雪蚀等综合作用下，山体岩石剥落成大小不等的砾石，同时坡度较大的山体容易发生重力滑塌、冻融蠕流等过程，导致砾石沿着山势向下滑动，形成独特的"石河"，被形象地称为流石滩景观，是诸多冰缘地貌中的典型类型（图 1）。

图 1　寒冻分化和冻融蠕流共同造就的高山冰缘带

流石滩石隙中积累少量土壤并生长着稀疏的植被

高寒草甸与流石滩稀疏植被形成的高山地带特有的景观格局

山体上部的"秃峰"

流石滩石隙中积累少量土壤并生长着稀疏的植被

以四蕊山莓草为优势种的垫状植被

以囊种草为优势种的垫状植被

以红景天、雪兔子为优势种的稀疏植被

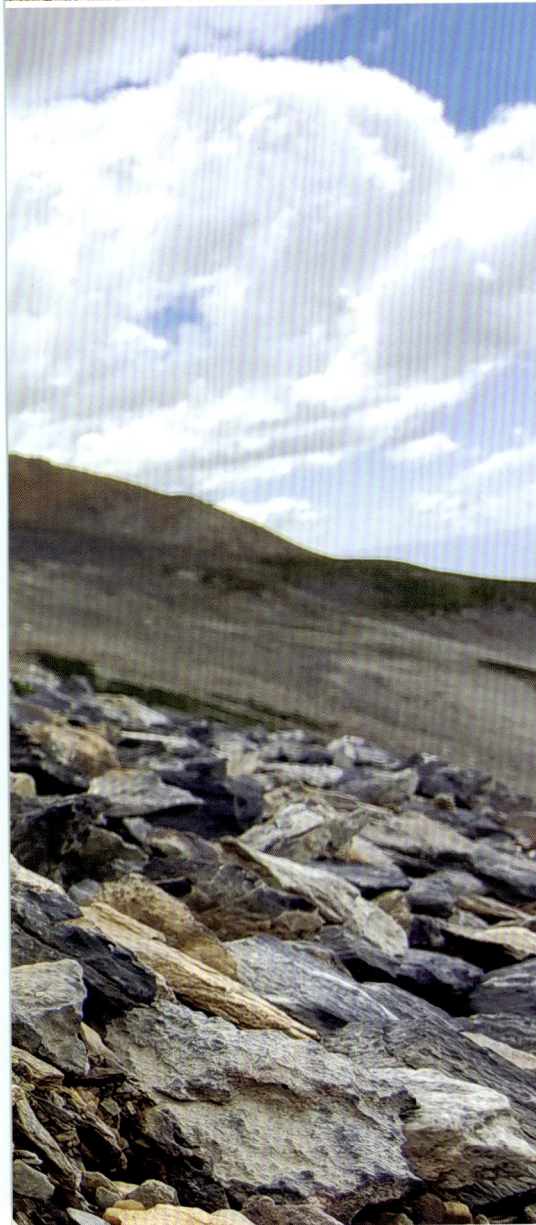

高山流石滩常与高山灌丛/草甸呈交错分布的状态,是连接多年积雪(冰川)区和草甸区的重要生态过渡地带。事实上,高山冰缘带的流石滩并不荒芜,其石隙累积有少量基质贫瘠的土壤,生长有雪莲属、红景天属、无心菜属、绿绒蒿属等多种耐逆性极强的物种,其中不乏国家重点保护植物。根据植物优势种的不同,在我国草地分类中流石滩植被被定义为高山稀疏植被和高山垫状植被两种类型(图2);在世界自然保护联盟(International Union for Conservation of Nature,IUCN)发布的全新的全球生态系统类型(global ecosystem typology)中,高山冰缘带被专门归入第六大类(T6)生物区系:极地/高山(低温)生物群系[polar/alpine (cryogenic) biome],并被确定为一种亚型生态系统(T6.2 polar/alpine cliffs, screes, outcrops and lava flows),说明这一群系或生态系统已被国内外学者所承认,并给予了足够的重视。

图 2　高山垫状植被与高山稀疏植被

以龙胆、火绒草等为优势种的稀疏植被

图4　冰缘带植物典型的形态适应对策

温室植物——唐古特雪莲 *Saussurea tangutica*

垫状植物——垫状点地梅 *Androsace tapete*

伪装植物——绢毛苣 *Soroseris glomerata*

绵毛植物——水母雪兔子 *Saussurea medusa*

垂头植物——五脉绿绒蒿 *Meconopsis quintuplinervia*

第二章

冰缘带的典型植物

冷蕨科
Cystopteridaceae
冷蕨属
Cystopteris

高山冷蕨

Cystopteris montana (Lam.) Bernh. ex Desv.

【形态特征】植株高 20～30cm。根茎细长，横走，黑褐色，疏被棕色、膜质、全缘卵形鳞片。叶片近生或疏生，草质，近五角形，三至四回羽状；羽片 4～7 对，开展，有短柄，近三角形，三回羽裂；小羽片 6～8 对，近对生，斜展，长圆形或宽披针形，向上各片渐小，二回羽裂；末回裂片长圆形，两侧全缘，顶部有 3～5 粗齿牙。叶脉羽状，侧脉单一或 2 叉，伸达齿端。叶柄长 15～22cm，禾秆色，光滑或疏被鳞片。叶轴与叶柄同色，光滑。孢子囊群圆形，背生叶脉；囊群盖灰黄色，膜质。

【生态习性】多年生蕨类，生长于高山林下或岩石缝隙潮湿处。生境海拔 1700～4500m。生长期 6～9 月。

【资源属性】北半球山地及高纬度地区广布种。《IUCN 濒危物种红色名录》等级：无危（LC）。具清热解毒、凉血止血、润肠通便、利尿通淋、止咳平喘等功效。

玉龙蕨

Polystichum glaciale Christ

鳞毛蕨科
Dryopteridaceae

耳蕨属
Polystichum

【形态特征】植株高约 20cm,密被鳞片及长柔毛;鳞片红棕色,老时苍白色,卵形或宽披针形,顶端纤维状,边缘睫毛状。叶片簇生、线形、厚革质,干后黑褐色,两面密被灰白色长柔毛,羽裂渐尖头,一回羽状;羽片约 28 对,互生,近无柄,长圆形,圆头,基部近圆,全缘或波状浅裂。叶脉分离,羽状,小脉单一,伸达叶缘,密被鳞片,不显。叶柄长 4~8cm,下部褐棕色,向上禾秆色,上面具 2 纵沟,与叶轴连通。叶轴及主脉下面密被淡棕色、宽披针形、顶端纤维状的鳞片。孢子囊群圆形,着生小脉顶端,位于主脉与叶缘间,每羽片 3~4 对,无囊群盖,通常被鳞片覆盖。

【生态习性】多年生蕨类,生长于高山冰川洞穴、岩缝,可达雪线或冰川附近。生境海拔 3000~4700m。生长期 6~9 月。

【资源属性】泛喜马拉雅广布种。国家一级重点保护野生植物。《IUCN 濒危物种红色名录》等级:近危(NT)。具清热解毒、消炎杀菌和疏通经络的功效,是中医临床上治疗跌打损伤和骨折的常用药。

单子麻黄

Ephedra monosperma J. G. Gmelin ex C. A. Mey.

【形态特征】植株高 5～15cm。木质茎短小，皮多呈褐红色，多分枝；绿色小枝开展或稍开展，微弯曲，节间细短，长 1～2cm，径约 1mm。叶片 2 枚对生，膜质鞘状，下部 1/3～1/2 合生，裂片短三角形。雄球花生于小枝上下各部，单生枝顶或对生节上，多呈复穗状；苞片 3～4 对，广圆形，中部绿色，两侧膜质边缘较宽，合生部分近 1/2；假花被较苞片长，倒卵圆形。雄蕊 7～8，花丝合生。雌球花单生或对生节上，无梗，成熟时肉质、红色，微被白粉，卵圆形或矩圆状卵圆形；苞片 3 对，基部合生，最上一对约 1/2 分裂。雌花通常 1。种子外露，多为 1 粒，三角状卵圆形或矩圆状卵圆形。

【生态习性】草本状矮小灌木。生长于山坡石缝或林木稀少的干燥地区。生境海拔 1000～4000m。花期 6 月，种子 8 月成熟。

【资源属性】泛喜马拉雅及中亚广布种。《IUCN 濒危物种红色名录》等级：无危（LC）。含生物碱，供药用，可发汗解表、止咳平喘、利水消肿。

蓝苞葱
Allium atrosanguineum Schrenk

【形态特征】植株高 5～30cm。鳞茎单生或数枚聚生，圆柱状，外皮灰褐色，条裂，略纤维状。叶片管状，中空，比花葶短或近等长。花葶圆柱状，中空，下部被叶鞘。总苞蓝色，2 裂，与伞形花序近等长。伞形花序球状，具多而密集的花。小花梗不等长，外层短于内层，基部无小苞片。花大，有光泽，黄色，后变紫红色。花被片矩圆状倒卵形、矩圆形或矩圆状披针形，内轮比外轮短。花丝比花被片短，1/3～3/4 合生成管状，合生部分的 1/2～2/3 与花被片贴生，内轮分离部分的基部比外轮的宽，呈三角形或肩状扩大。子房倒卵状，基部常收狭成短柄，腹缝线基部具小的凹陷蜜穴。柱头 3 浅裂或几不裂。

【生态习性】多年生草本。生长于草地或草甸。生境海拔 3400～5400m 及以上。花果期 6～9 月。

【资源属性】泛喜马拉雅、中亚、蒙古国及西伯利亚广布种。《IUCN 濒危物种红色名录》等级：未评估（NE）。

百合科
Liliaceae

葱属
Allium

天蓝韭
Allium cyaneum Regel

【形态特征】植株高10～30cm。鳞茎数枚聚生，圆柱状，细长，外皮暗褐色，老时破裂成纤维状。叶片半圆柱状，上面具沟槽，比花葶短或长超过花葶。花葶圆柱状，下部被叶鞘。总苞单侧开裂或2裂，比花序短。伞形花序近扫帚状，有时半球状，少花或多花，常疏散。小花梗与花被片等长或长为其2倍，基部无小苞片。花天蓝色，花被片卵形或矩圆状卵形，内轮稍长。花丝等长，仅基部合生并与花被片贴生，内轮的基部扩大，无齿或每侧各具1齿，外轮锥形。子房近球状，腹缝线基部具有帘的凹陷蜜穴。花柱伸出花被外。本种半圆柱状的叶、天蓝色的花、伸出花被外的雄蕊等特征易于识别。

【生态习性】多年生草本。生长于山坡、草地、林下或林缘。生境海拔2100～5000m。花果期8～10月。

【资源属性】中国特有种。《IUCN濒危物种红色名录》等级：无危（LC）。具发汗、散寒、健胃、接骨的功效，用于治疗伤风感冒、头痛鼻塞、脘腹冷痛、消化不良、跌打骨折。

金头韭

***Allium herderianum* Regel**

【形态特征】植株高（12～）20～40cm。鳞茎卵状球形或卵状，外皮灰褐色，薄革质，顶端破裂或条裂。叶片半圆柱状狭条形，近与花葶等长。花葶圆柱状，中空，下部被叶鞘。总苞干膜质，2～3裂，宿存。伞形花序球状或半球状，具多而密集的花。小花梗近等长，与花被片近等长或略长，基部无小苞片。花被片淡黄色至亮草黄色，外轮矩圆状卵形，舟状钝头，长5～6mm，宽2.5～3mm，内轮矩圆状披针形，长7～8mm，宽2～2.5mm，先端向外反折。花丝长为内轮花被片的1/2～2/3，长3～4mm，基部约1mm合生并与花被片贴生，分离部分锥形。子房卵状，腹缝线基部具凹陷的蜜穴。

【生态习性】多年生草本。生长于向阳山坡或干草原。生境海拔2900～3900m。花果期7～9月。

【资源属性】中国特有种。《IUCN濒危物种红色名录》等级：无危（LC）。种子和叶等入药，具健胃、提神、止汗固涩、补肾助阳、固精等功效。

青甘韭
Allium przewalskianum Regel

【形态特征】鳞茎数枚聚生，狭卵状圆柱形，外皮红色，纤维状。叶片半圆柱状至圆柱状，具4～5纵棱，短或略长于花葶。花葶圆柱状，下部被叶鞘。总苞与伞形花序近等长或较短，单侧开裂，具常与裂片等长的喙，宿存。伞形花序球状或半球状，具多而稍密集的花。小花梗近等长，比花被片长2～3倍，基部无小苞片。花淡红色至深紫红色，花被片内轮矩圆形至矩圆状披针形，外轮卵形或狭卵形，略短。花丝等长，基部合生并与花被片贴生，蕾期反折，花刚开放时内轮先伸直。子房球状，基部无凹陷的蜜穴。花柱在花刚开放时被包围在3枚内轮花丝中，后期伸出近与花丝等长。

【生态习性】多年生草本。生长于干旱山坡、石缝、灌丛或草坡。生境海拔2000～4800m。花果期6～9月。

【资源属性】泛喜马拉雅广布种。《IUCN 濒危物种红色名录》等级：无危（LC）。具消肿、干黄水、健胃的功效，用于治疗积食腹胀、消化不良、风寒湿痹、痈疖疔毒。

高山韭

Allium sikkimense Baker

【形态特征】鳞茎数枚聚生，圆柱状，外皮暗褐色，破裂成纤维状，下部近网状，稀条状破裂。叶片狭条形，扁平，比花葶短。花葶圆柱状，下部被叶鞘。总苞单侧开裂，早落。伞形花序半球状，具多而密集的花。小花梗近等长，比花被片短或等长，基部无小苞片。花钟状，天蓝色；花被片卵形或卵状矩圆形，先端钝，内轮边缘具 1 至数枚疏离的不规则小齿，较外轮稍长而宽。花丝等长，为花被片长的 1/2～2/3，基部合生并与花被片贴生，内轮和外轮基部均扩大，有时每侧各具 1 齿。子房近球状，腹缝线基部具明显的有窄帘的凹陷蜜穴。花柱比子房短或近等长。

【生态习性】多年生草本。生长于山坡、草地、林缘或灌丛。生境海拔 2400～5000m。花果期 7～9 月。

【资源属性】泛喜马拉雅广布种。《IUCN 濒危物种红色名录》等级：无危（LC）。可食用，还具调补中焦脾胃、补肾、消炎、清热和促进消化等功效。

洼瓣花

Gagea serotina (L.) Ker Gawl.

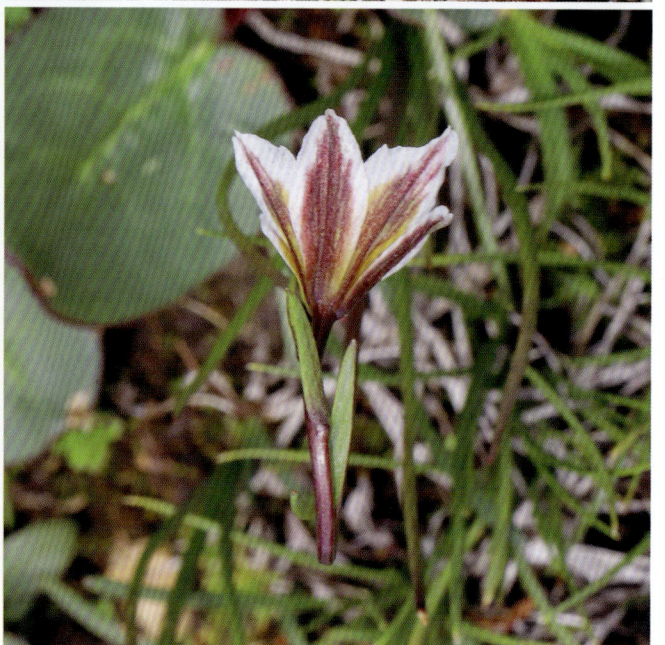

【形态特征】植株高 8~15cm。鳞茎狭卵形，上端延伸，上部开裂，被多层褐色、条裂的枯叶鞘。基生叶常 2 枚，或因不育叶丛未分立而叶数有所增加，与茎等高或短，基部扩大形成长鞘，包被鳞茎。茎生叶多枚，多短小，长 1~4cm，宽约 2mm，半抱茎。花 1~3 朵，花瓣外缘白色，中间呈橙黄色或紫色斑状，向基部斑纹颜色加深，向上常有 3 条紫脉。花被片长 9~14mm，宽约 7mm，倒卵状长圆形或椭圆形，先端急尖，基部内面常有一穴。雄蕊长为花被片的 2/3，花丝无毛。子房近矩圆形或狭椭圆形，长约 3mm，与花柱等长，柱头三浅裂。蒴果近倒卵形，略有 3 钝棱，顶端有宿存花柱。种子近三角形，扁平。

【生态习性】多年生草本。生长于山坡、灌丛或草地。生境海拔 2400~4000m。花期 6~8 月，果期 8~10 月。

【资源属性】北半球高山和高纬度地区广布种。《IUCN 濒危物种红色名录》等级：未评估（NE）。鳞茎可药用，内服祛痰止咳，外用治痈肿疮毒及外伤出血。

黑褐穗薹草
Carex atrofusca subsp. *minor*（Boott）T. Koyama

【形态特征】根状茎长而匍匐。秆高 10～70cm，三棱形，平滑，基部具褐色的叶鞘。叶片短于秆，平张，稍坚挺，淡绿色，顶端渐尖。苞片最下部 1 枚短叶状，绿色，短于小穗，具鞘；上部鳞片状，暗紫红色。小穗 2～5 个，顶生 1～2 个雄性，长圆形或卵形；其余雌性，椭圆形或长圆形，花密生。小穗柄纤细，稍下垂。雌花鳞片卵状披针形或长圆状披针形，暗紫红色，先端长渐尖。果囊长于鳞片，长圆形或椭圆形，扁平，上部暗紫色，下部麦秆黄色，无脉，无毛，基部近圆形，顶端急缩成短喙；喙口白色膜质，具 2 齿。小坚果疏松地包于果囊中，长圆形，扁三棱状，基部具柄。花柱基部不膨大，柱头 3。

【生态习性】多年生草本。生长于高山灌丛草甸及流石滩下部和杂木林；生境海拔 2200～4600m。花果期 7～8 月。

【资源属性】泛喜马拉雅及中亚广布种。《IUCN 濒危物种红色名录》等级：无危（LC）。再生能力强，耐牧性高，家畜适口性很好，是高寒山区夏季草场重要的优等牧草之一。

垂穗披碱草

Elymus nutans Griseb.

【形态特征】秆直立，高 50～70cm，基部和根出叶鞘具柔毛。叶片扁平，上面疏被柔毛，下面粗糙或平滑。穗状花序较紧密，通常曲折而先端下垂。穗轴边缘粗糙或具小纤毛，基部 1、2 节均不具发育小穗。小穗绿色，成熟后呈紫色，通常每节生有 2 枚而接近顶端节及下部节仅生有 1 枚，多少偏生于穗轴一侧，近无柄或柄极短，含 3～4 朵小花。颖片长圆形，两颖几相等，先端渐尖或具短芒，具 3～4 脉，脉明显而粗糙。外稃长披针形，全部被微小短毛，第一外稃顶端延伸成芒，芒粗糙，向外反曲或稍展开；内稃与外稃等长，先端钝圆或截平，脊上具纤毛，毛向基部渐次不显，脊间被稀少微小短毛。

【生态习性】多年生丛生草本植物。生长于草原或山坡道旁和林缘。生境海拔 3500～4500m。花果期 7～10 月。

【资源属性】泛喜马拉雅及中亚广布种。《IUCN 濒危物种红色名录》等级：未评估（NE）。优质牧草。

寡穗茅
Littledalea przevalskyi Tzvelev

【形态特征】秆直立，高40～60cm，平滑无毛，顶节外露。叶鞘平滑，下部着生微毛，老后撕裂成纤维状聚集于秆基。叶舌长圆形，长1～3mm。叶片长2～10cm，宽1～3mm，分蘖叶片长达15cm，常内卷，上面被微毛。圆锥花序退化成总状，仅具3～4分枝，分枝顶生一小穗，长7～10cm。小穗含3～6朵花，长13～18mm，宽6～12mm，带紫色。颖片无毛，第一颖长5～6mm，第二颖长9～10mm。外稃全体被微毛，第一外稃长12（14）mm；内稃长7～9mm，背面具微毛，脊上生短纤毛。花药长约4mm。

【生态习性】多年生草本。生长于高山草坡或灌丛、冲积砂砾滩地。生境海拔3700～4700m。花果期7～8月。

【资源属性】中国特有种。《IUCN濒危物种红色名录》等级：无危（LC）。优质牧草。

阿洼早熟禾
Poa araratica Trautv.

【形态特征】具根头或短根状茎。秆直立，高25～35cm，带绿色。叶舌撕裂，长1.5～2.5mm。叶片扁平，后内卷或多少线形，长4～10cm，宽1～1.5cm，边缘粗糙。圆锥花序狭窄，长4～9cm，密聚或多少疏松；分枝孪生，粗糙，上升，弯曲。小穗含3～4朵小花，扇形，长4～6.5mm，先端带紫色。颖片长圆形至椭圆形，具3脉，第一颖长3～3.8mm，第二颖较宽，长3.2～4.5mm。外稃长圆形至椭圆形，先端钝或尖，脊与边脉下部具柔毛，基盘疏生绵毛，第一外稃长3.5～4.5mm；内稃短于外稃，两脊粗糙。花药长1.5～2mm。

【生态习性】多年生密丛草本。生长于高山草原。生境海拔4300～5100m。花期7～8月。

【资源属性】泛喜马拉雅、中亚、高加索地区及欧洲山地广布种。《IUCN濒危物种红色名录》等级：未评估（NE）。优质牧草。

波密早熟禾
Poa bomiensis C. Ling

【形态特征】秆高 20～30cm，压扁，2～3 节。叶鞘长于节间，光滑，上部叶鞘达花序之下。叶舌膜质，顶端钝或截平，长约 1mm。叶片线形，扁平，质软而平滑，长 6～8cm，宽 3～5mm。圆锥花序狭长，稍下垂，长 7～11cm，宽 1～2cm；分枝细弱，上举，基部主枝长 3～4cm，孪生，下部 2/3 裸露。小穗椭圆形，含 2～3 朵小花，长 5～6mm，稍带紫色。小穗轴无毛。两颖不等长，顶端渐尖，脊上部粗糙，第一颖狭披针形，长 3～3.5mm，具 1 脉，第二颖阔披针形，长 4～4.5mm，具 3 脉。外稃厚纸质，卵状长圆形，长 4.5～5mm，顶端渐尖，边缘狭膜质，具 5～7 脉，侧脉隆起；内稃稍短于外稃。花药长 1～1.5mm。

【生态习性】多年生丛生草本。生长于山地灌丛草甸。生境海拔 3810～5100m。花果期 6～9 月。

【资源属性】中国特有种。《IUCN 濒危物种红色名录》等级：无危（LC）。优质牧草。

胎生早熟禾

Poa sinattenuata var. *vivipara* (Rendle) Keng & Keng f.

【形态特征】秆丛生，直立，高 10～35cm，1～2 节，花序以下外露部分粗糙。无根茎。叶鞘质稍薄，平滑或微粗糙，有条纹，不闭合。叶舌膜质，长圆形，先端常撕裂。叶片质稍厚，直立，扁平或折叠，两面稍粗糙，先端急尖。圆锥花序长圆形，每节具 2～5 分枝；分枝粗壮，粗糙，斜升或开展，主枝中部以下裸露，侧枝有时基部着生小穗。小穗正常发育者未见，所有小穗均呈现分芽繁殖。颖片卵披针形，两颖稍不等长，先端渐尖，脊上粗糙，具 3 脉，有时第一颖侧脉稍不明显，表面常微粗糙。第一外稃与第一颖等长或稍短，完全无毛或疏被少数柔毛，脊中上部粗糙，有狭膜质边缘。

【生态习性】多年生草本。生长于高山流石滩。生境海拔 3500～4500m。花果期 7～9 月。

【资源属性】泛喜马拉雅及秦岭广布种。《IUCN 濒危物种红色名录》等级：未评估（NE）。优质牧草。

西伯利亚三毛草
Trisetum sibiricum (Rupr.) Barberá

【形态特征】秆少数丛生，高 0.5～1.2m，无毛，3～4 节。具短根茎。叶鞘基部者长于节间者，上部者短于节间者，基部多少闭合。叶舌长 1～2mm，膜质。叶片长 6～20cm，宽 4～9mm，粗糙或上面被柔毛。圆锥花序长圆形，长 10～20cm，宽 3～5cm；分枝向上直立或稍伸展，长达 6cm，每节多枚丛生。小穗黄绿色或褐色，有光泽，含 2～4 朵小花，长 0.5～1cm。小穗轴长 1.5～2mm，被柔毛。颖片无毛，第一颖长 4～6mm，具 1 脉，第二颖长 5～8mm，具 3 脉。外稃硬纸质，背部粗糙，第一外稃长 5～7mm，芒长 7～9mm，反曲，下部直立或微扭转；内稃略短于外稃，脊粗糙。鳞被长 0.5～1mm。

【生态习性】多年生丛生草本。生长于山坡草地、草原或林下、灌丛潮湿处。生境海拔 750～4200m。花果期 6～8 月。

【资源属性】北半球高海拔地区及西伯利亚广布种。《IUCN 濒危物种红色名录》等级：未评估（NE）。优质牧草。

穗三毛草

Trisetum spicatum (L.) Richt.

【形态特征】秆直，密集丛生，高8～30cm，花序下通常具绒毛，1～3节。须根细弱，稠密。叶鞘松弛，密生柔毛。叶舌透明膜质，顶端常撕裂。叶片扁平或纵卷，被密或疏的柔毛。圆锥花序稠密，紧缩成穗状，卵圆形至长圆形或狭长圆形，浅绿色或紫红色，有光泽；分枝短，被柔毛，直立或斜向上升。小穗卵圆形，被几等长柔毛，含2～3朵小花。颖片透明膜质，两颖近相等，中脉粗糙，第一颖具1脉，第二颖具3脉。第一外稃背部粗糙，顶端2齿裂，自稃体顶端下1.5mm处生芒，具向外反曲；内稃略短于外稃，具2脊，脊上粗糙。鳞被2，透明膜质，顶端2裂或不规则齿裂。花药黄色或带紫红色。

【生态习性】多年生草本。生长于山坡草地和高山草原或高山草甸。生境海拔1900m以上。花果期6～9月。

【资源属性】北半球及南美洲高海拔地区广布种。《IUCN濒危物种红色名录》等级：未评估（NE）。营养价值较高，为各类家畜所喜食，是夏牧场家畜"抓膘"的牧草之一。

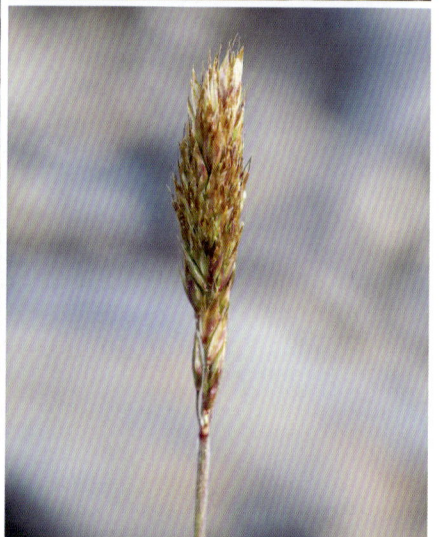

唐古特延胡索
Corydalis tangutica Peshkova

【形态特征】块茎长圆形，基部不分裂或 2 裂，具簇生的须根。茎近直立，下部具 2～3 鳞片，中部至上部密具（3～）4～5 叶，叶腋常具退化的小枝或叶。叶片具长柄，基部鞘状宽展，上面绿色，下面苍白色，三出；小叶 3 深裂，顶生的具短柄。总状花序不高出叶，密具 3～4 朵花，花序轴短。苞片卵圆形至倒卵形。花瓣浅蓝色，平展，外花瓣近急尖，无鸡冠状突起或突起极不明显，距直或末端稍下弯，下花瓣微具囊。蜜腺体为距长的 2/3～3/4，末端圆钝。柱头小，具 1.5mm 长的花柱，顶端 2 裂。蒴果俯垂，倒卵形。

【生态习性】多年生草本。生长于高山流石滩。生境海拔 3600～4850m。花期 7～8 月。

【资源属性】中国特有种。《IUCN 濒危物种红色名录》等级：未评估（NE）。具活血、行气、止痛的功效，用于治疗胸胁、脘腹疼痛、胸痹心痛、经闭痛经、产后瘀阻、跌扑肿痛。

长轴唐古特延胡索

Corydalis tangutica subsp. *bullata* (Lidén) Z. Y. Su

【形态特征】唐古特延胡索亚种。块茎较小，长 5～7mm，宽 4～5mm。茎生叶着生部位较低，叶质较薄。总状花序具 2～3 朵花，明显高出叶，花序轴较长（约4cm）。花瓣俯垂，稀近平展，距较细长，末端弯曲，多少呈"S"形，下花瓣基部通常明显具浅囊。柱头顶端具明显的 4 乳突。

【生态习性】多年生草本。生长于高山灌木林、流石滩、砾石地。生境海拔 2500～5800m。花期 7～8 月。

【资源属性】中国特有种。《IUCN 濒危物种红色名录》等级：无危（LC）。药用功效与唐古特延胡索相似。

罂粟科
Papaveraceae

绿绒蒿属
Meconopsis

多刺绿绒蒿

Meconopsis horridula Hook. f. & Thomson

【形态特征】植株高 10～25cm，全体被黄褐色、坚硬而平展的刺。主根肥厚，圆柱形。叶片全部基生，披针形，先端钝或急尖，基部渐狭而入叶柄，边缘全缘或波状。花葶 5～12 或更多，坚硬，绿色或蓝灰色，密被平展的黄褐色刺，有时基部合生。花单生于花葶上，半下垂。花芽近球形。萼片外面被刺。花瓣 5～8，有时4，宽倒卵形，蓝紫色。花丝丝状，颜色比花瓣深；花药长圆形，稍旋扭。子房圆锥状，被平伸或斜展的黄褐色刺；柱头圆锥状。蒴果倒卵形或椭圆状长圆形，稀宽卵形，被平展或反曲的锈色或黄褐色刺，刺基部增粗，通常 3～5 瓣自顶端开裂至全长的 1/3～1/4。种子肾形，种皮具窗格状网纹。

【生态习性】一年生草本。生长于高山砾石化草坡。生境海拔 3600～5100m。花果期 6～9 月。

【资源属性】泛喜马拉雅广布种。《IUCN 濒危物种红色名录》等级：近危（NT）。有小毒，具解热、止痛、接骨、活血化瘀的功能，用于治疗头伤、骨折、跌打损伤等。

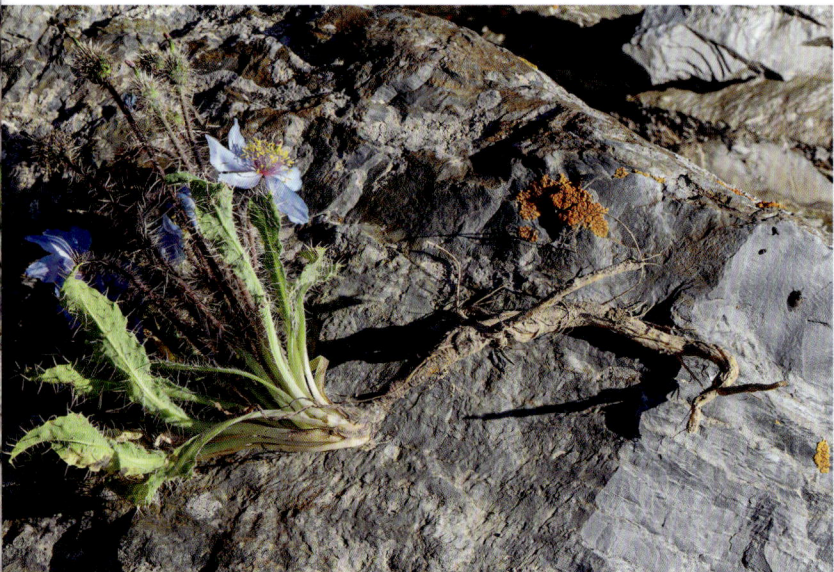

全缘叶绿绒蒿

Meconopsis integrifolia (Maxim.) Franch.

【形态特征】植株高 30～70cm，全体被锈色和金黄色长柔毛。茎粗壮，不分枝，具纵条纹，基部具宿存叶基。主根具侧根和纤维状细根。基生叶莲座状，其间常混生有鳞片状叶，倒披针形至近匙形，先端圆或锐尖，基部渐狭并下延成翅，至叶柄近基部又逐渐扩大，两面被毛，全缘且边缘毛较密，具 3 至多条纵脉。茎生叶下部者同基生叶，上部者近无柄，狭椭圆形至条形，比下部叶小，最上部叶常呈假轮生状。花生于最上部茎生叶叶腋内，有时也生于下部茎生叶叶腋内。花瓣近圆形至倒卵形，黄色或稀白色。花丝线形。蒴果宽椭圆状长圆形至椭圆形，疏或密被平展或紧贴、具多短分枝的金黄色或褐色长硬毛。种子近肾形。

【生态习性】一年生至多年生草本。生长于草坡或林下。生境海拔 2700～5100m。花果期 5～11 月。

【资源属性】泛喜马拉雅广布种。《IUCN 濒危物种红色名录》等级：未评估（NE）。全草入药可清热止咳；花前采叶入药治胃中反酸；花可退热、催吐、消炎、治跌打骨折。

五脉绿绒蒿
Meconopsis quintuplinervia Regel

【形态特征】植株高30～50cm。茎基部宿存叶基，密被具多短分枝的淡黄色或棕褐色硬毛。须根纤维状，细长。叶片全部基生，莲座状，倒卵形至披针形，基部渐狭并下延入叶柄，两面密被棕褐色硬毛，明显具3～5纵脉。花葶1～3，具肋，被硬毛，上部毛较密。花单生于基生花葶上，下垂。花芽宽卵形。萼片外面密被硬毛。花瓣4～6，倒卵形或近圆形，淡蓝色或紫色。花丝与花瓣同色或白色；花药长圆形，淡黄色。子房近球形至长圆形，密被具分枝的棕黄色刚毛；花柱短，柱头头状，3～6裂。蒴果椭圆形或长圆状椭圆形，密被紧贴的刚毛，自顶端3～6微裂。种子狭卵形，黑褐色，种皮具网纹和皱褶。

【生态习性】多年生草本。生长于阴坡灌丛或高山草地。生境海拔2300～4600m。花果期6～9月。

【资源属性】中国特有种。《IUCN濒危物种红色名录》等级：未评估（NE）。全草入药，能清热解毒、消炎、定喘，治小儿惊风、肺炎、咳喘。

总状绿绒蒿

Meconopsis racemosa Maxim.

【形态特征】植株高 20～50cm。茎不分枝，有时具花葶，叶基宿存。基生叶长圆状披针形或倒披针形，稀窄卵形或线形，长 5～20cm，基部窄楔形，下延，全缘或波状，稀具不规则粗齿，侧脉明显，柄长 3～8cm。下部茎生叶同基生叶，上部茎生叶长圆状披针形或线形，长 3～17cm，全缘，具短柄或无柄。总状花序，花梗长 2～5cm。萼片长圆状卵形。花瓣 5～8，倒卵状长圆形，长 2～3cm，蓝色或蓝紫色，稀红色。花丝丝状，具纵纹，紫色。花柱圆锥形，具棱。果卵圆形或长卵圆形，长 0.5～2cm，自顶端至上部 4～6 瓣裂，果柄长 1～15cm，宿存花柱长 0.7～1cm。种子长圆形，具窗格状网纹。

【生态习性】一年生草本。生长于草坡、石坡。生境海拔 3000～4900m。花果期 5～11 月。

【资源属性】泛喜马拉雅广布种。《IUCN 濒危物种红色名录》等级：未评估（NE）。全草入药能消炎、止骨痛、治头伤和骨折。

伏毛铁棒锤

***Aconitum flavum* Hand.-Mazz.**

【形态特征】植株高 30～95cm。块根胡萝卜形。茎中下部无毛，上部被反曲紧贴的短柔毛，密生多数叶，常不分枝。叶片宽卵形，基部浅心形，3 全裂；全裂片细裂，末回裂片线形，两面无毛，疏被短缘毛。总状花序顶生，窄长，有 12～25 朵花，轴及花梗密被紧贴的短柔毛。下部苞片似叶，中上部苞片线形，小苞片生于花梗顶部，线形。萼片黄色带绿色，或暗紫色，被短柔毛，上萼片盔状船形，具短爪，下缘斜升，上部向下弧状弯曲，外缘斜，下萼片斜长圆状卵形。花瓣疏被短毛，向后弯曲。花丝无毛或疏被短毛，全缘。心皮 5，无毛或疏被短毛。蓇葖果无毛。种子倒卵状三棱形，光滑，沿棱具窄翅。

【生态习性】直立草本。生长于山坡草地、林缘、灌丛和河滩。生境海拔 2600～4700m。花期 6～8 月。

【资源属性】中国特有种。《IUCN 濒危物种红色名录》等级：无危（LC）。块根具活血祛瘀、祛风湿、止痛、消毒、去腐生肌、止血的功效。

甘青乌头

Aconitum tanguticum (Maxim.) Stapf

【形态特征】植株高 8～50cm。块根小，纺锤形或倒圆锥形。茎疏被短柔毛或几无毛。基生叶 7～9，圆形或圆肾形，3 深裂至中部，有长柄；裂片互相稍覆压，两面无毛，柄无毛，基部具鞘。茎生叶 1～2（～4），稀疏排列，较小，常具短柄。总状花序顶生，具 3～5 朵花。轴和花梗多少密被反曲的短柔毛，下部花梗长，上部变短。苞片线形，小苞片生于花梗上部或与花近邻接，卵形至宽线形。萼片蓝紫色，外面被短柔毛，上萼片船形，下萼片宽椭圆形或椭圆状卵形。花瓣无毛，稍弯，极小，唇不明显，微凹，距短，直。花丝疏被毛。心皮 5，无毛。蓇葖果。种子倒卵形，具三纵棱，沿棱生狭翅。

【生态习性】多年生草本。生长于山地草坡或沼泽草地。生境海拔 3200～4800m。7～8 月开花。

【资源属性】中国特有种。《IUCN 濒危物种红色名录》等级：无危（LC）。具抗炎抗免疫、解热镇痛、抗高血压和抗肿瘤等功效。

疏齿银莲花

Anemone geum subsp. *ovalifolia*
(Brühl) R. P. Chaudhary

【形态特征】植株高 4～29cm。根长 2～8cm，稍肉质，簇生。基生叶具长柄，基部有密集的褐色枯萎的纤维状叶残基与花残基。叶片肾状五角形或宽卵形，长 0.8～3.5cm，宽 1～4.5cm，基部心形，3 全裂；中裂片菱状倒卵形，二回全裂；侧裂片较小，3 浅裂或 3 深裂，裂片全缘或具 2～3 齿，两面被短柔毛；各回裂片多少互相邻接或稍覆压。叶柄长 3～16cm。花葶 3～5，被开展的柔毛，花梗长 1～10cm。萼片 5，蓝色、黄色或白色。雄蕊长约 3mm，花药黄色。心皮多数，子房窄卵形；花柱短，被白色柔毛或无毛。瘦果倒卵形，多少被短柔毛，花柱宿存。

【生态习性】多年生草本。生长于高山草地或灌丛边。生境海拔 1900～5000m。花期 6～7 月，果期 8～9 月。

【资源属性】泛喜马拉雅及中国北方山地广布种。《IUCN 濒危物种红色名录》等级：无危（LC）。地下部分、叶、花和果实等可药用，治疗病愈后体温不足、淋病、关节积黄水、黄水疮、慢性气管炎等。

叠裂银莲花
Anemone imbricata Maxim.

【形态特征】植株高 4～12（～20）cm。具根状茎。基生叶 4～7，椭圆状狭卵形，基部心形，3 全裂，有长柄；中全裂片有细长柄，3 全裂或 3 深裂；二回裂片浅裂，侧全裂片无柄，长约为中全裂片之半，不等 3 深裂；各回裂片多少互相覆压，表面近无毛，背面和边缘密被长柔毛。叶柄有密柔毛。花 1～4，直立或渐升，密被长柔毛。花梗 1，有柔毛。苞片 3，无柄，稍不等大，3 深裂。萼片 6～9，白色、紫色或黑紫色，倒卵状长圆形或倒卵形，无毛或外面疏被柔毛。雄蕊长约 3.5mm，花药椭圆形。心皮无毛。瘦果扁平，椭圆形，有宽边缘，无毛，顶端有弯曲的短宿存花柱。

【生态习性】多年生草本。生长于高山草坡或灌丛。生境海拔 3200～5300m。花期 5～8 月。

【资源属性】泛喜马拉雅广布种。《IUCN 濒危物种红色名录》等级：无危（LC）。全草用于治疗消化不良、痢疾、淋病、风寒湿痹、关节积黄水。

白蓝翠雀花

Delphinium albocoeruleum Maxim.

【形态特征】植株高（10～）40～60（～100）cm，被反曲的短柔毛。茎生叶在茎上等距排列，下部叶有长柄。叶片五角形，一回裂片偶浅裂，通常一至二回多少深裂；小裂片狭卵形至披针形或线形，常有1～2小齿，两面疏被短柔毛。伞房花序，具3～7朵花，花梗反曲。下部苞片叶状，小苞片生于花梗近顶部或与花邻接，匙状线形。萼片宿存，蓝紫色或蓝白色，外面被短柔毛，上萼片圆卵形，其他萼片椭圆形，距圆筒状钻形或钻形，末端稍向下弯曲。花瓣无毛。退化雄蕊黑褐色，瓣片卵形，2浅裂或裂至中部，腹面有黄色髯毛，花丝疏被短毛。心皮3，子房密被紧贴的短柔毛。蓇葖果。种子四面体形。

【生态习性】多年生草本。生长于山地草坡或圆柏林。生境海拔3600～4700m。7～9月开花。

【资源属性】中国特有种。《IUCN濒危物种红色名录》等级：未评估（NE）。全草可药用，能消肠炎、止腹泻。

蓝翠雀花

Delphinium caeruleum Jacq. ex Cambess.

【形态特征】茎高 8～60cm，与叶柄均被反曲的短柔毛，自下部分枝。基生叶有长柄，近圆形，3 全裂；中央全裂片菱状倒卵形，细裂，末回裂片线形，顶端有短尖；侧全裂片扇形，2～3 回细裂，表面密被短伏毛。叶柄基部有狭鞘。茎生叶似基生叶，渐变小。伞房花序，具 1～7 朵花。花梗细，与轴密被反曲的白色短柔毛。下部苞片叶状或 3 裂，其他苞片线形，小苞片生于花梗中部，披针形。萼片紫蓝色，偶白色，椭圆形，外面有短柔毛，距钻形。花瓣蓝色，无毛。退化雄蕊蓝色，瓣片宽倒卵形或近圆形，腹面被黄色髯毛，花丝疏被短毛或无毛。心皮 5，子房密被短柔毛。蓇葖果。种子倒卵状四面体形，沿棱有狭翅。

【生态习性】多年生草本。生长于山地草坡或多石砾山坡。生境海拔 2100～4000m。花期 7～9 月。

【资源属性】泛喜马拉雅广布种。《IUCN 濒危物种红色名录》等级：未评估（NE）。地上部分可用于治疗肝胆疾病、肠热腹泻、痢疾。

单花翠雀花

Delphinium candelabrum var. *monanthum* (Hand.-Mazz.) W. T. Wang

【形态特征】奇林翠雀花变种。茎埋于石砾中，下部无毛，上部有短柔毛。叶片在茎露出地面处丛生，有长柄，肾状五角形，3全裂；中全裂片宽菱形，侧全裂片近扇形，一至二回细裂；小裂片线状披针形，疏被短柔毛。花梗3～6，自茎端与叶丛同时生出，渐升，上部密被黄色柔毛。小苞片生于花梗近中部，3裂，裂片披针形。花大。萼片蓝紫色，卵形，外面有黄色短柔毛，距比萼片稍长或近等长，钻形，直或稍向下弧状弯曲。花瓣暗褐色，疏被短毛或无毛，顶端微凹。雄蕊无毛，退化后为黑褐色，瓣片近圆形，2浅裂，腹面被黄色髯毛。心皮3，子房被毛。与奇林翠雀花的区别在于：叶裂片分裂程度较小，小裂片较宽，卵形，彼此多邻接；花瓣顶端全缘；退化雄蕊下部常黑褐色。

【生态习性】多年生草本。生长于山地多石砾山坡。生境海拔4100～5000m。花期8月。

【资源属性】中国特有种。《IUCN濒危物种红色名录》等级：无危（LC）。全草供药用，可止泻。

密花翠雀花
Delphinium densiflorum Duthie ex Huth

【形态特征】植株高 30～46cm。茎直立，疏被柔毛或无毛。下部叶有长柄，近花序叶柄缩短。叶片亚革质，肾形，掌状 3 深裂；深裂片互相稍覆压，边缘有圆齿，近无毛，背面沿脉疏被短柔毛。总状花序长为植株的 1/4～1/2，有 30～40 朵密集的花，花梗密被反曲的淡黄色腺毛。小苞片生于花梗上部，线状长圆形，有长缘毛。萼片宿存，淡灰蓝色，外面被长柔毛，内面无毛，上萼片船状卵形，距圆锥状，顶端钝，其他萼片较小，卵形。花瓣顶端二浅裂，有缘毛。雄蕊无毛，退化雄蕊瓣片卵形，2 深裂，裂片宽披针形，腹面中央有一丛长柔毛。心皮 3，子房有柔毛。蓇葖果。种子三棱形，沿棱有狭翅。

【生态习性】多年生草本。生长于山谷灌丛、河滩或冲积扇上。生境海拔 3300～4500m。花期 7～8 月。

【资源属性】泛喜马拉雅广布种。《IUCN 濒危物种红色名录》等级：无危（LC）。全草可药用，能解乌头毒、祛风除湿、驱寒止痛，用于治疗胃痛、风湿关节痛、咳嗽等。

鸦跖花

Oxygraphis glacialis (DC.) R. R. Stewart

【形态特征】植株高 2～9cm。根状茎短。须根细长，簇生。叶片全部基生，卵形、倒卵形至椭圆状长圆形，长 3～30mm，宽 5～25mm，全缘，有 3 出脉，无毛。叶柄较宽扁，长 1～4cm，基部鞘状。花葶 1～3（～5），无毛。花单生，直径 1.5～3cm。萼片 5，宽倒卵形，长 4～10mm，近革质，无毛，果后增大，宿存。花瓣 10～15，橙黄色或表面白色，披针形或长圆形，长 7～15mm，宽 1.5～4mm，有 3～5 脉，基部渐狭成爪。蜜槽呈杯状凹穴。花药长 0.5～1.2mm。花托较宽扁。聚合果近球形，直径约 1cm。瘦果楔状菱形，长 2.5～3mm，宽 1～1.5mm，具 4 纵肋，背肋明显；喙顶生，短而硬，基部两侧有翼。

【生态习性】多年生矮小草本。生长于高山草线附近的砾石化山坡。

【资源属性】泛喜马拉雅、中亚及西伯利亚广布种。《IUCN 濒危物种红色名录》等级：未评估（NE）。具祛瘀止痛、清热燥湿、解毒的功效，常用于治疗头部外伤、瘀血疼痛、疮疡。

拟耧斗菜

Paraquilegia microphylla (Royle) Drumm. & Hutch.

【形态特征】根状茎细，圆柱形，稀纺锤形。叶片多数，通常为二回 3 出复叶，无毛，轮廓三角状卵形，宽 2～6cm；中央小叶宽菱形至肾状宽菱形，3 深裂，每深裂片再 2～3 细裂；小裂片倒披针形至椭圆状倒披针形，表面绿色，背面淡绿色。叶柄细长。花葶直立，比叶长。苞片 2，生于花下，对生或互生，倒披针形，基部有膜质鞘。花直径 2.8～5cm。萼片淡堇色或淡紫红色，偶白色，倒卵形至椭圆状倒卵形，顶端近圆形。花瓣倒卵形至倒卵状长椭圆形，长约 5mm，顶端微凹，下部浅囊状。心皮 5（～8），无毛。蓇葖果直立，长 10～14mm，宽约 4mm。种子狭卵球形，褐色，一侧具狭翅，光滑。

【生态习性】多年生草本。生长于高山山地石壁或岩石缝隙。生境海拔 2700～4300m。花期 6～8 月，果期 8～9 月。

【资源属性】泛喜马拉雅、中亚及西伯利亚广布种。《IUCN 濒危物种红色名录》等级：无危（LC）。根和种子可用于治乳腺炎、恶疮痈疽等。

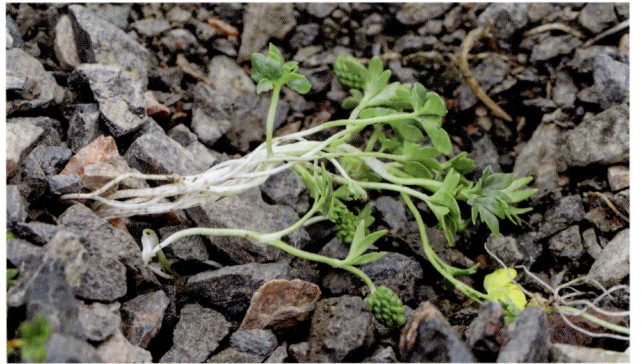

砾地毛茛

Ranunculus glareosus Hand.-Mazz.

【形态特征】茎倾卧斜升，长5～20cm，有时下部节着土生根，有分枝，近无毛。须根多带肉质，稍厚，伸长。基生叶和下部叶近圆形或肾状五角形，基部心形至截形，3深裂至3全裂；裂片2～3浅裂或深裂，宽卵形或倒卵状披针形，边缘相互贴近或覆盖，顶端钝或稍尖，质地较厚，下面带紫色，无毛或上面有毛。叶柄上部具曲柔毛，基部有膜质宽鞘。上部叶有短柄，裂片披针形。花单生。花梗具曲柔毛，果期伸长。萼片椭圆形，带紫色，外面具柔毛，边缘膜质。花瓣5，宽倒卵形，顶端圆或稍凹。花药椭圆形。花托无毛。聚合果卵球形。瘦果卵球形，大多平滑无毛；喙直伸至外弯。

【生态习性】多年生草本。生长于高山流石滩的岩坡砾石间。生境海拔3600～5000m。花果期7～8月。

【资源属性】泛喜马拉雅广布种。《IUCN濒危物种红色名录》等级：无危（LC）。全草入药，可镇痛和祛风湿。

长茎毛茛

Ranunculus nephelogenes* var. *longicaulis

(Trautv.) W. T. Wang

【形态特征】植株高 20～30cm。茎直立，具 2～4 次二歧长分枝，无毛或生细毛。须根扭曲伸长。基生叶多数，长椭圆形至线状披针形，全缘，具 3～5 脉，顶端有钝点，基部楔形或圆形，无毛或疏被毛；柄长，通常无毛。茎生叶数枚，披针形至线形，全缘，多不分裂，基部形成膜质宽鞘抱茎，无毛或边缘具柔毛。花单生于茎顶和分枝顶端。花梗伸长，贴生黄色柔毛。萼片卵形，带紫色，外面密生短柔毛。花瓣 5，倒卵形至卵圆形，稍长或 2 倍长于萼片，基部有短爪。蜜槽呈点状袋穴。花托短圆锥形，具细毛。聚合果卵球形。瘦果卵球形，稍扁，无毛，背腹有纵肋；喙直伸或外弯。

【生态习性】多年生草本植物。生长于沼泽水旁草地。生境海拔 1800～2600m。花果期 6～8 月。

【资源属性】泛喜马拉雅及西伯利亚广布种。《IUCN 濒危物种红色名录》等级：无危（LC）。药用价值不详。

虎耳草科
Saxifragaceae

金腰属
Chrysosplenium

裸茎金腰
Chrysosplenium nudicaule Bunge

【形态特征】植株高达 10cm。茎疏被褐色柔毛或乳突，常无叶。基生叶革质，肾形，长约 9mm，宽约 13mm，两面无毛，具（7～）11～15 浅齿；齿扁圆形，先端凹缺，具疣点，常叠结，齿间弯缺具褐色柔毛或乳突。叶柄长 1～7.5cm，下部疏被褐色柔毛。聚伞花序密集成半球形，长约 1.1cm。苞叶革质，宽卵形或扇形，内面具极少柔毛，外面无毛，具 3～9 浅齿；齿扁圆形，多少叠结，齿间弯缺具褐色柔毛，疏被柔毛。托杯疏被柔毛。萼片花期直立，多少叠结，扁圆形，长 1.8～2mm，宽 3～3.5mm，弯缺处具褐色柔毛和乳突。雄蕊 8。子房半下位。蒴果顶端凹缺，2 果瓣近等大。种子黑褐色，卵圆形，无毛。

【生态习性】多年生草本。生长于石隙。生境海拔 2500～4800m。花果期 6～8 月。

【资源属性】泛喜马拉雅及中亚广布种。《IUCN 濒危物种红色名录》等级：无危（LC）。全草入药，藏医用于治胆病引起的发烧、头痛及急性黄疸型肝炎、急性肝坏死等，亦可催吐胆汁。

虎耳草科
Saxifragaceae

亭阁草属
Micranthes

黑亭阁草

Micranthes atrata (Engl.) Losinsk.

【形态特征】植株高 7～23cm。根状茎很短。叶片基生，卵形至阔卵形，长 1.2～2.5cm，宽 0.8～1.8cm，先端急尖或稍钝，边缘具圆齿状锯齿和睫毛，两面近无毛，叶柄长 1～2cm。花葶单一，或数条丛生，疏被白色卷曲柔毛。聚伞花序圆锥状或总状，长 3～9cm，具 7～25 朵花，花梗被柔毛。萼片花期反曲，卵形或三角状卵形，长 2.4～3.2mm，宽 1.5～2mm，先端急尖或稍渐尖，无毛，3～7 脉先端会合成一疣点。花瓣白色，卵形至椭圆形，长 2.8～4mm，宽 1.8～2.2mm，先端钝或微凹，基部狭缩成长 0.8～1mm 的爪。雄蕊长 3～5.9mm，花药黑紫色，花丝钻形。心皮 2，黑紫色，大部合生；子房阔卵球形，花柱 2。

【生态习性】多年生草本。生长于高山草甸或石隙。生境海拔 3000～3810m。花期 7～8 月。

【资源属性】中国特有种。青海省重点保护野生植物。《IUCN 濒危物种红色名录》等级：未评估（NE）。花入药，能退热、治肺部疾病。

矮生虎耳草
Saxifraga nana Engl.

【形态特征】植株高达 3cm。枝小主轴极多分枝，叠结成垫状，叶腋具芽。叶片交互对生，密集，肉质，倒卵形或椭圆形，先端钝，具软骨质窄边，对生之 2 叶片基部合生成筒状并下延抱茎；最上部叶先端具一分泌钙质的窝孔，中下部叶具腺睫毛，下部叶具（2）3 分泌钙质的窝孔，无毛。花单生于茎顶，花梗无毛。苞片 2，对生，肉质，倒卵形或椭圆形。萼片 4，直立，肉质，近半圆形，边缘下部疏被腺睫毛，5 脉先端半会合。花瓣 4，淡黄色，倒卵形或倒宽卵形，先端钝，基部近无爪，具 3~4 脉，无痂体。花盘环状，子房下位。

【生态习性】多年生草本。生长于高山碎石隙和高山湖畔。生境海拔 4200~5200m。花果期 7~8 月。

【资源属性】中国特有种。《IUCN 濒危物种红色名录》等级：无危（LC）。药用价值不详。

青藏虎耳草

Saxifraga przewalskii Engl. ex Maxim.

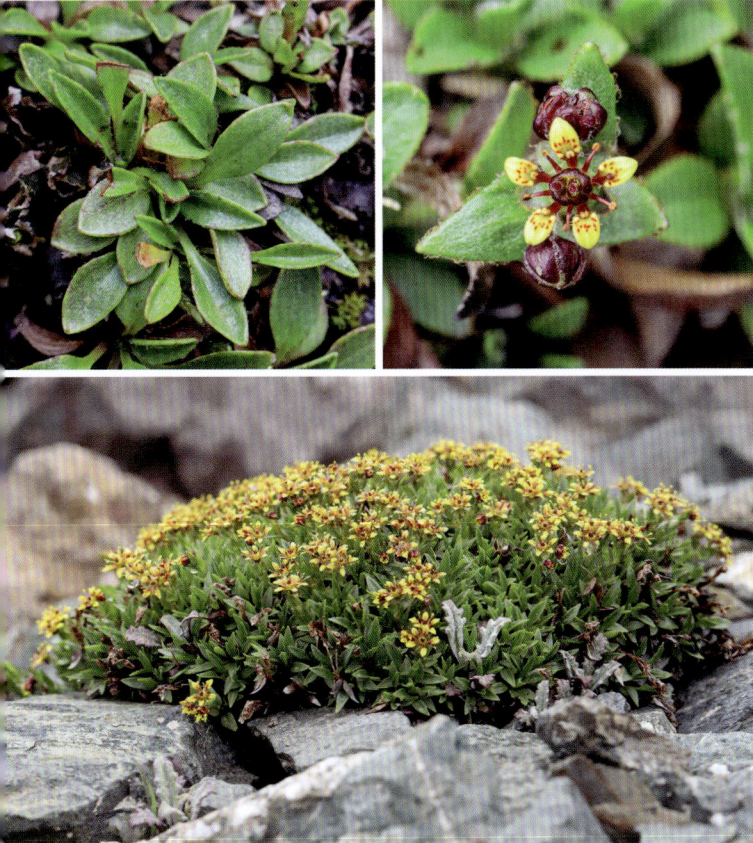

【形态特征】植株高 4～11.5cm。茎不分枝，具褐色卷曲柔毛。基生叶卵形、椭圆形至长圆形，上面无毛，下面和边缘具褐色卷曲柔毛，具柄；叶柄基部扩大，边缘具褐色卷曲柔毛。茎生叶卵形至椭圆形，向上渐变小。聚伞花序伞房状，具 2～6 朵花，花梗密被褐色卷曲柔毛。萼片花期反曲，卵形至狭卵形，先端钝，两面无毛，边缘具褐色卷曲柔毛，3～5 脉先端不会合。花瓣腹面淡黄色且中下部具红色斑点，背面紫红色，卵形、狭卵形至近长圆形，先端钝，基部具爪，具 3～5（～7）脉，痂体 2。雄蕊长 2～3.6mm，花丝钻形。子房半下位，周围具环状花盘，花柱长 1～1.5mm。

【生态习性】多年生丛生草本。生长于林下、高山草甸和高山碎石隙。生境海拔 3700～4250m。花期 7～8 月。

【资源属性】中国特有种。《IUCN 濒危物种红色名录》等级：无危（LC）。具清利肝胆、健胃的功效，常用于治疗肝炎、胆囊炎、感冒、消化不良。

狭瓣虎耳草

Saxifraga pseudohirculus Engl.

【形态特征】植株高 4～16.7cm，丛生。茎下部具褐色卷曲的长腺毛，并杂有短腺毛，中上部被黑褐色短腺毛。基生叶披针形、倒披针形至狭长圆形，先端稍钝，两面和边缘具腺毛，具柄；叶柄基部扩大，边缘具褐色卷曲的长腺毛。茎生叶下部者具柄，中上部者渐变无柄，其他与基生叶相似。聚伞花序，具 2～12 朵花，或单花生于茎顶，花梗被黑褐色短腺毛。萼片花期直立至开展，阔卵形、近卵形至狭卵形，先端钝或急尖，腹面疏被腺毛或无毛，背面和边缘密生黑褐色腺毛。花瓣黄色，披针形、狭长圆形至剑形，先端钝圆至急尖，基部具爪，具 3～5（～7）脉，痂体 2。花丝钻形。子房半下位，阔卵球形。

【生态习性】多年生丛生草本。生长于林下、灌丛、高山草甸和高山碎石隙。生境海拔 3100～5600m。花果期 7～9 月。

【资源属性】泛喜马拉雅及秦岭广布种。《IUCN 濒危物种红色名录》等级：无危（LC）。药用价值不详。

山地虎耳草

Saxifraga sinomontana J. T. Pan & Gornall

【形态特征】植株高 4.5～35cm。茎疏被褐色卷曲柔毛。基生叶发达，椭圆形、长圆形至线状长圆形，先端钝或急尖，无毛，具柄；叶柄基部扩大，边缘具褐色卷曲的长柔毛。茎生叶披针形至线形，两面无毛，或下面和边缘疏被褐色长柔毛，下部叶具柄，上部叶无柄。聚伞花序，具 2～8 朵花，稀单花，花梗被褐色卷曲柔毛。萼片花期直立，近卵形至近椭圆形，先端钝圆，腹面无毛，背面有时疏被柔毛，边缘具卷曲的长柔毛，5～8 脉先端不会合。花瓣黄色，倒卵形、椭圆形、长圆形、提琴形至狭倒卵形，先端钝圆或急尖，基部具爪，具 5～15 脉，基部侧脉旁有 2 痂体。花丝钻形。子房近上位，花柱 2。

【生态习性】多年生丛生草本。生长于灌丛、高山草甸、高山沼泽化草甸和高山碎石隙。生境海拔 2700～5300m。花果期 5～10 月。

【资源属性】泛喜马拉雅广布种。《IUCN 濒危物种红色名录》等级：未评估（NE）。花入药，能治头痛、神经痛等。

爪瓣虎耳草
Saxifraga unguiculata Engl.

【形态特征】植株高 2.5～13.5cm。小主轴分枝，具莲座叶丛。花茎具叶，中下部无毛，上部被褐色柔毛。莲座叶匙形至近狭倒卵形，先端具短尖头，通常两面无毛，边缘多少具刚毛状睫毛。茎生叶较疏，稍肉质，长圆形、披针形至剑形，先端具短尖头，通常两面无毛，边缘具腺睫毛。花单生于茎顶，或聚伞花序具 2～8 朵花，细弱花梗被褐色腺毛。萼片起初直立，后变开展至反曲，肉质，通常卵形，先端钝或急尖，腹面和边缘无毛，背面被褐色腺毛，具 3～5 脉。花瓣黄色，中下部具橙色斑点，狭卵形、近椭圆形、长圆形至披针形，先端急尖或稍钝，基部具爪，具 3～7 脉，痂体 2 但不明显。子房近上位，阔卵球形。

【生态习性】多年生草本。生长于林下、高山草甸和高山碎石隙。生境海拔 3200～5644m。花期 7～8 月。

【资源属性】泛喜马拉雅及中国北方山地广布种。《IUCN 濒危物种红色名录》等级：未评估（NE）。全草入药，苦、寒，能清肝胆之热、排脓敛疮。

圆丛红景天

Rhodiola coccinea (Royle) Boriss.

【形态特征】植株高 10～20cm。宿存老茎多数，短而细；不育茎长 1.5～3cm，叶密集于顶端；花茎多数，扇状分布。主根长，达 25cm 以上；根颈地上部分分枝，密集丛生，几为圆形，先端被鳞片；鳞片宽三角形，钝。叶片线状披针形，长 3～5mm，宽 0.6mm，先端急尖，有芒，全缘。花序紧密，花少数。苞片线形，急尖。雌雄异株。雄花萼片 5，长圆形，钝。花瓣 5，黄色，近倒卵形，钝，先端有短尖。雄蕊 10，长为花瓣一半。鳞片 5，四方形，长 0.8mm，宽 0.9mm，先端有微缺。心皮 5，近直立，椭圆形，长 2.5～3mm，花柱极短。蓇葖果有种子 1～3。单生种子大，近卵状长圆形，两端有翅。

【生态习性】多年生草本。生长于石缝。生境海拔 3500～4200m。花期 7 月，果期 8 月。

【资源属性】泛喜马拉雅广布种。国家二级重点保护野生植物。《IUCN 濒危物种红色名录》等级：未评估（NE）。药用功能与其他红景天类似。

小丛红景天

Rhodiola dumulosa (Franch.) S. H. Fu

【形态特征】植株高6～22cm。花茎聚生于主轴顶端，长5～28cm，直立或弯曲，不分枝。根颈粗壮，分枝，地上部分常有残留的老枝。叶片互生，线形至宽线形，长7～10mm，宽1～2mm，先端稍急尖，基部无柄，全缘。花序聚伞状，具4～7朵花。萼片5，线状披针形，长4mm，宽0.7～0.9mm，先端渐尖，基部宽。花瓣5，白色或红色，披针状长圆形，直立，长8～11mm，宽2.3～2.8mm，先端渐尖，有较长的短尖，边缘平直，或多少呈流苏状。雄蕊10，较花瓣短，对萼片的长于对花瓣的。鳞片5，横长方形，先端有微缺。心皮5，卵状长圆形，直立，基部1～1.5mm合生。种子长圆形，有微乳头状突起，具狭翅。

【生态习性】多年生草本。生长于山坡石缝。生境海拔1600～3900m及以上。花期6～7月，果期8月。

【资源属性】泛喜马拉雅及中国北方高山广布种。《中国物种红色名录（植物部分）》等级：Ⅱ级。《IUCN濒危物种红色名录》等级：无危（LC）。具益肾养肝、调经活血的功效，用于治疗劳热骨蒸、头晕目眩等。

四裂红景天

Rhodiola quadrifida (Pall.) Schrenk, in Fisch. & C. A. Mey.

【形态特征】植株高5～8cm。主根长达18cm，根颈直径1～3cm，分枝，黑褐色，先端被鳞片。老的枝茎宿存，常在100条以上；花茎细，直径0.5～1mm，高3～10（～15）cm，稻秆色，直立，密生叶。叶片互生，无柄，线形，长5～8（～12）mm，宽1mm，先端急尖，全缘。伞房花序，具少数花，宽1.2～1.5cm，花梗与花同长或较短。萼片4，线状披针形，长3mm，宽0.7mm，钝。花瓣4，紫红色，长圆状倒卵形，长4mm，宽1mm，钝。雄蕊8，与花瓣同长或稍长，花丝与花药黄色。鳞片4，近长方形。蓇葖果4，披针形，长5mm，直立，具先端反折的短喙，成熟时暗红色。种子长圆形，褐色，有翅。

【生态习性】多年生草本。生长于沟边、山坡石缝。生境海拔2900～5100m。花期5～6月，果期7～8月。

【资源属性】泛喜马拉雅及中亚广布种。国家二级重点保护野生植物。《中国物种红色名录（植物部分）》等级：Ⅱ级。《IUCN濒危物种红色名录》等级：无危（LC）。根和花可用于清热退烧、利肺。

景天科
Crassulaceae

红景天属
Rhodiola

对叶红景天

Rhodiola subopposita (Maxim.) Jacobsen

【形态特征】植株高 7.5～15cm，淡绿色。花茎多数，高 30cm 以上，细弱，曲折。叶片开展，2～3 枚近对生或互生，宽椭圆形至卵形，长 20mm，宽 10mm，先端钝，边缘有不整齐的圆齿，有短柄或几无柄。聚伞花序有小苞片。雌雄异株。雄花序宽 1cm。花多数，直径 7mm，花梗与花同长。萼片 5，长圆形。花瓣 5，黄色，长圆形。雄蕊 10，较花瓣稍长。鳞片 5，近正方形，先端有微缺。雄花心皮 5，不育，卵形，小；花柱短，细尖。果序直径 4cm。蓇葖果 5，长 6mm，先端及短喙水平张开。种子有翅。

【生态习性】多年生草本。生长于高山石隙。生境海拔 3800～4100m。花果期 6～9 月。

【资源属性】中国特有种。《IUCN 濒危物种红色名录》等级：数据缺乏（DD）。与红景天属其他植物类似，具抗炎、抗氧化、抗疲劳、抗缺氧、抗衰老等功效。

唐古红景天

Rhodiola tangutica (Maxim.) S. H. Fu

【形态特征】植株高 10～17cm。主根粗长，分枝；根颈没有残留老枝茎，或有少数残留，先端被三角形鳞片。雌雄异株。雄株花茎干后稻秆色或老后棕褐色。叶片线形，先端钝渐尖，无柄。花序紧密，伞房状，下有苞叶。萼片 5，线状长圆形，先端钝。花瓣 5，干后似粉红色，长圆状披针形，先端钝渐尖。雄蕊 10。鳞片 5，四方形，先端有微缺。心皮 5，狭披针形，不育。雌株花茎棕褐色。叶片线形，先端钝渐尖。花序伞房状，果时倒三角形。萼片 5，线状长圆形，钝。花瓣 5，长圆状披针形，先端钝渐尖。鳞片 5，横长方形，先端有微缺。蓇葖果 5，直立，狭披针形；喙短，直立或稍外弯。

【生态习性】多年生草本。生长于高山石缝或近水边。生境海拔 2000～4700m。花期 5～8 月，果期 8 月。

【资源属性】中国特有种。国家二级重点保护野生植物。青海省重点保护野生植物。《IUCN 濒危物种红色名录》等级：易危（VU）。主轴药用，有利肺、退烧的功效。

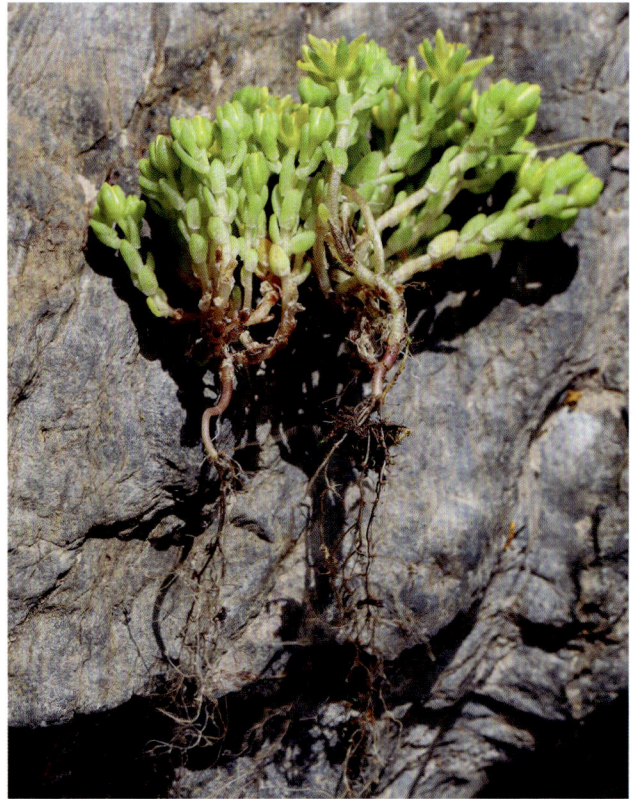

绿瓣景天

Sedum prasinopetalum Fröd.

【形态特征】植株高3～8cm。花茎直立或上升，不分枝或分枝。叶片狭长圆形或宽披针形，长3～5mm，有钝或近浅裂的距，先端钝或略尖。花序伞房状，有少数花。花为不等的5基数，有长柄。苞片宽倒披针形。萼片淡黄绿色，长圆形，长3～4.6mm，无距，先端钝，具3～5脉，脉近黑色。花瓣黄色，干后绿黄色，近卵形，长5～6mm，几离生，先端钝，向内弯。雄蕊2轮10枚，内轮生于距花瓣基部1.5～2mm处。鳞片线状匙形，长0.4～0.75mm，先端钝。心皮直立，干后绿色，长4～5mm，基部宽；胚珠12～14。胎座一般形。种子倒卵形，长0.5～0.7mm，表面有小乳头状突起，基部具胃状附属物，有长珠柄。

【生态习性】一年生草本。生长于高山草地或岩石缝。生境海拔4300～4500m。花期8～9月，果期9～10月。

【资源属性】中国特有种。《IUCN濒危物种红色名录》等级：未评估（NE）。药用功能不详。

高原景天

Sedum przewalskii Maxim.

【形态特征】植株高 1~4cm。花茎直立，常自基部分枝。根纤维状。叶片宽披针形至卵形，长 2~4.8mm，具截形宽距，先端钝。花序伞房状，具 3~7 朵花。花为 5 基数，花梗长 3~6mm。苞片叶形。萼片半长圆形，长约 3mm，无距，先端钝。花瓣黄色，三角状卵形，长 3~3.5mm，略合生，先端钝。雄蕊长约 3mm。鳞片狭线形或近线状匙形，长 0.8~1.3mm，先端近钝形。心皮近菱形，长 3.2~3.4mm，离生或合生 0.2~0.5mm；胚珠 3~6。胎座镰刀形。种子卵状长圆形，长约 0.8mm，具小乳头状突起。

【生态习性】一年生草本。生长于高山坡干草地或岩石缝。生境海拔 2400~5400m。花期 8 月，果期 9 月。

【资源属性】泛喜马拉雅广布种。《IUCN 濒危物种红色名录》等级：无危（LC）。药用功能不详。

团垫黄芪
***Astragalus arnoldii* Hemsl.**

【形态特征】植株高 5～10cm。茎短缩，被灰白色丁字毛。根粗壮，木质化。羽状复叶，具 5～7 枚小叶。托叶小，与叶柄贴生，膜质，被白色长毛。小叶狭长圆形，先端渐尖，基部钝圆，两面被灰白色毛，近无柄。总状花序，具 5～6 朵花，花序轴短缩；总花梗与叶等长或稍长，被伏贴白毛。苞片线状披针形，膜质。花萼钟状，密被黑白混生的伏贴毛；萼齿三角形或狭披针形，长为萼筒的 1/3。花冠蓝紫色；旗瓣宽倒卵形，先端微凹，中部稍缢缩，下部渐狭成楔形的短瓣柄，瓣片长圆形，较瓣柄稍长；龙骨瓣较翼瓣短，瓣片与瓣柄等长。子房具短柄，密生软毛。荚果长圆形，微弯，半假 2 室，被白毛。

【生态习性】垫状草本。生长于高山砾石化山坡及河滩。生境海拔 4600～5100m。花期 7 月，果期 8～9 月。

【资源属性】泛喜马拉雅广布种。《IUCN 濒危物种红色名录》等级：无危（LC）。所含成分具有抗菌抑菌及抗氧化的功效。

大通黄芪

***Astragalus datunensis* Y. C. Ho**

【形态特征】植株高 5～12cm。地上茎短缩。根直伸。羽状复叶基生，多少呈莲座状，叶柄被白色柔毛。托叶膜质，离生，卵状披针形，具白色缘毛。小叶宽卵形，先端钝圆或微尖，基部近圆形，具短柄，两面被白色伏贴的长柔毛。总状花序，具 4～6 朵花，稍疏，下垂；总花梗腋生，密被白色长柔毛，花梗密被黑色柔毛。苞片披针形，背面被白色和黑色长柔毛。花萼钟状，密被混生有白色长柔毛的黑毛，萼齿狭披针形。花冠黄色；旗瓣倒卵形，先端微凹，基部渐狭成瓣柄；翼瓣较旗瓣稍短，瓣片长圆形，先端钝圆，带白色；龙骨瓣较旗瓣略长，瓣片半卵形。子房狭卵形，密被长柔毛，具明显的柄。

【生态习性】多年生草本。生长于山顶流石滩。生境海拔 3800m。花期 7 月。

【资源属性】中国特有种。《IUCN 濒危物种红色名录》等级：无危（LC）。药用功效与其他黄芪相似，具补气、止汗、利尿消肿、排脓的功效。

伊朗棘豆
***Oxytropis savellanica* Bunge ex Boiss.**

【形态特征】植株高 3～5cm，疏被贴伏白色柔毛。茎缩短，分枝多铺散成垫状。羽状复叶。托叶草质，三角状卵形，与叶柄分离，彼此合生很高，微疏被白色柔毛或几无毛，边缘具纤毛。小叶长圆形或椭圆形，先端钝或急尖，两面疏被贴伏白色柔毛。总状花序头形，具 2～8 朵花；总花梗疏被贴伏黑色和白色柔毛。苞片线形，疏被柔毛。花萼筒状钟形，疏被贴伏黑色和白色柔毛，萼齿线状锥形。花冠紫色；旗瓣瓣片近圆形，先端微凹；翼瓣长圆形，稍短于旗瓣，先端微凹；龙骨瓣与翼瓣近等长。子房被毛。荚果宽长圆形，微膨胀，背部具沟，疏被贴伏柔毛，具短梗。

【生态习性】多年生草本。生长于石质山坡。生境海拔 4700～5100m。花期 7～8 月，果期 8～9 月。

【资源属性】泛喜马拉雅及中亚广布种。《IUCN 濒危物种红色名录》等级：无危（LC）。牛羊不喜食；药用价值不详。

无尾果

Coluria longifolia Maxim.

【形态特征】花茎直立，高达20cm，上部分枝，有短柔毛。基生叶为单数羽状复叶，长5～10cm；叶轴具沟，具长柔毛；叶柄长1～3cm，疏被长柔毛，基部膜质下延抱茎。托叶卵形，全缘或有1～2锯齿，两面具柔毛及缘毛。小叶9～20对，上部者较大，向下渐小，无柄；上部小叶紧密排列无间隙，宽卵形或近圆形，长0.5～1.5cm，基部歪形，有锐锯齿及黄色长缘毛，两面具柔毛或近无；下部小叶卵形或长圆形，长1～3mm，歪形，全缘或有钝圆锯齿，具缘毛。茎生叶1～4，宽线形，长1～1.5cm，羽裂或3裂。聚伞花序，具2～4朵花，稀单花。苞片卵状披针形，长3～4mm，具长缘毛。瘦果长圆形，熟时黑褐色，无毛。

【生态习性】多年生草本。生长于高山草原。生境海拔2700～4100m。花期6～7月，果期8～10月。

【资源属性】泛喜马拉雅广布种。《IUCN濒危物种红色名录》等级：无危（LC）。全草可药用，具止血止痛、清热的功效，能治肝炎、高血压引起的发烧、神经发烧、子宫出血、月经不调、疝痛、关节炎等。

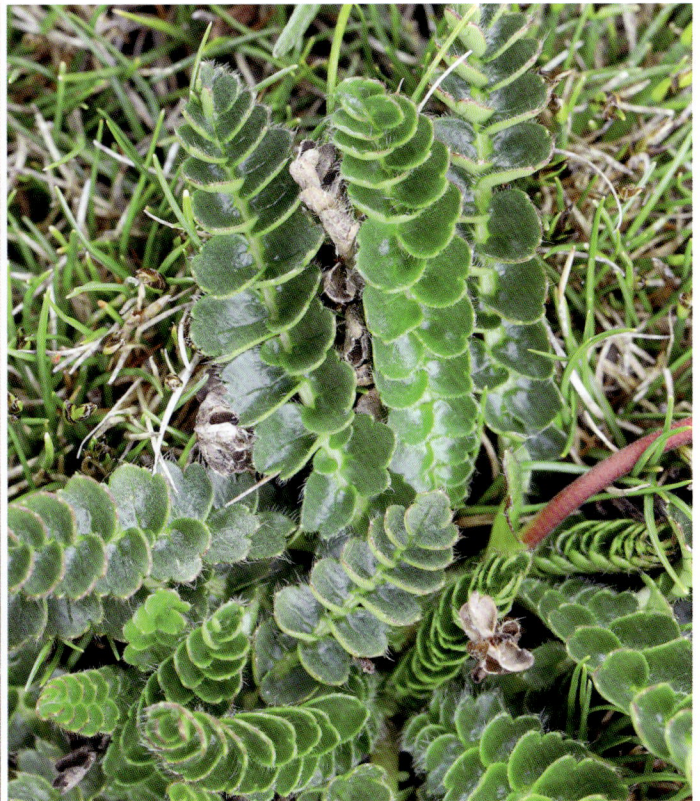

多头委陵菜

Potentilla multiceps T. T. Yu & C. L. Li

【形态特征】根状茎多分枝，密集成垫状。基生叶为羽状复叶，有（3）4~5对小叶，叶柄疏被白色柔毛；小叶椭圆形或倒卵状椭圆形，羽状深裂至近中脉；裂片1~3对，小裂片带形或舌形，先端钝圆，边缘平坦，上面贴生白色疏柔毛或脱落近无毛，下面密被白色绢毛或脱落仅部分小叶有被毛痕迹。茎生叶退化成掌状或近羽状，小叶与基生叶小叶相似。花单生或数朵形成聚伞花序。萼片椭圆状披针形或三角状卵形，顶端急尖或渐尖；副萼片狭带形，通常短于萼片一半，外面被短柔毛及稀疏柔毛。花瓣黄色，倒卵形，顶端微凹，比萼片长半倍。雄蕊20，长短不齐。心皮多数，花柱近顶生，基部有乳头膨大，柱头呈头状扩大。

【生态习性】多年生草本。生长于河滩、山坡。生境海拔4000~5200m。花期7月。

【资源属性】泛喜马拉雅广布种。《IUCN濒危物种红色名录》等级：数据缺乏（DD）。具清热解毒、消炎杀菌、止血止痢的功效。

四蕊山莓草
Sibbaldia tetrandra Bunge

【形态特征】根粗壮，圆柱形。三出复叶，连叶柄长 0.5～1.5cm，叶柄疏被白色柔毛。托叶膜质，褐色，扩大，外面疏被长柔毛。小叶倒卵状长圆形，长 5～8mm，宽 3～4mm，顶端截平，具 3 齿，基部楔形，两面绿色，疏被白色柔毛，幼时较密。花 1～2，顶生，直径 4～8mm。萼片 4，三角状卵形，顶端急尖或钝圆；副萼片细小，披针形或卵形，顶端渐尖至急尖，与萼片近等长或稍短。花瓣斗状，黄色，倒卵状长圆形，与萼片近等长或稍长。雄蕊 4，插生在花盘外面。花盘宽阔，4 裂，花柱侧生。瘦果光滑。

【生态习性】多年生丛生或垫状草本。生长于山坡草地、林下及岩石缝。生境海拔 3000～5400m。花果期 5～8 月。

【资源属性】泛喜马拉雅、中亚及西伯利亚广布种。《IUCN 濒危物种红色名录》等级：无危（LC）。富含丰富的氨基酸以及矿物质元素，具促进肠胃消化、营养吸收的功效，也可护肝明目。

高原荨麻
Urtica hyperborea Jacq. ex Wedd.

【形态特征】植株高达 50cm。茎具稍密刺毛和稀疏微柔毛。叶片卵形或心形，先端短渐尖或尖，基部心形，具 7～8 对牙齿，上面具刺毛和稀疏糙伏毛，下面具刺毛和稀疏微柔毛。钟乳体位于叶片上面，明显，基出脉 3（～5），侧出的 1 对伸达上部齿尖。叶柄托叶每节 4，离生，长圆形或长圆状卵形，向下反折。雌雄同株（雄花序生下部叶腋）或异株。花序短穗状，稀近簇状。雄花花被片合生至中部。雌花具细梗。瘦果长圆状卵圆形，苍白色或灰白色，光滑。宿存花被片内面 2 枚近圆形或扁圆形，稀宽卵形，比果大 1 倍以上；外面 2 枚卵形，较内面的短 8～10 倍。

【生态习性】多年生丛生草本。生长于高山石砾地、岩缝或山坡草地。生境海拔 3000～3500m。花期 6～7 月，果期 8～9 月。

【资源属性】泛喜马拉雅广布种。《IUCN 濒危物种红色名录》等级：无危（LC）。茎皮纤维可作纺织原料，也可制麻绳；含有黄酮类、木质素类、香豆素类等有效成分，具很好的抗炎止痛、皮肤瘙痒、抗风湿等药理活性。

黄花梅花草
Parnassia lutea Batalin

【形态特征】植株高 13～20cm。根状茎粗短，常呈块状，上部有褐色膜质鳞片，向下生出多数细长的纤维状根。基生叶 2～4，卵形或长圆状卵形，先端圆，基部下延或微近心形，全缘，上面深绿色，叶脉微下陷，下面粉绿色，脉突起，具长柄。叶柄扁平，下半部膜质，上半部叶质；托叶膜质。花单生于茎顶。花萼 1～3（～7），直立；萼筒短陀螺状，萼片披针形，先端稍尖或略钝，全缘。花瓣表面黄色，背面色淡，倒卵形，先端圆，2 裂浅，基部有长爪，具 5 脉，脉弯曲而有分枝。雄蕊 5；花丝扁平，向基部逐渐加宽；花药黄色，长圆形，顶生，侧裂；退化雄蕊 5。蒴果卵球形，3 裂。种子多数，褐色，沿整个缝线着生。

【生态习性】多年生草本。生长于山坡高山草甸、高山灌丛或岩石下。生境海拔 3500～4100m。花期 7～8 月，果期 8 月。

【资源属性】中国特有种。《IUCN 濒危物种红色名录》等级：无危（LC）。全草入药，具清热解毒、止咳化痰的功效。

圆叶小董菜

Viola biflora var. *rockiana* (W. Becker) Y. S. Chen

【形态特征】植株高5～8cm。茎细弱，通常2（3）,2节，无毛，仅下部生叶。根状茎近垂直，具结节。基生叶较厚，圆形或近肾形，基部心形，有长柄。茎生叶少数，圆形或卵圆形，基部浅心形或近截形，边缘具浅圆齿，上面被粗毛，下面无毛。托叶离生，卵状披针形，先端尖，近全缘。花黄色，有紫色条纹，花梗细弱。小苞片2。萼片狭条形，先端钝，边缘膜质。上方及侧方花瓣倒卵形，侧方花瓣里面无须毛，下方花瓣稍短。距浅囊状，下方雄蕊的距短而宽，钝三角形。子房近球形，无毛；花柱基部稍膝曲，上部2裂，裂片肥厚，微平展。闭锁花生于茎上部叶腋。蒴果卵圆形，无毛。

【生态习性】多年生小草本。生长于高山、亚高山地带的草坡、林下、灌丛。生境海拔2500～4300m。花期6～7月，果期7～8月。

【资源属性】泛喜马拉雅及天山广布种。《IUCN濒危物种红色名录》等级：无危（LC）。全草入药，具清热解毒的功效。

山生柳
Salix oritrepha C. K. Schneid. in Sargent

【形态特征】植株高 60～120cm，幼枝被灰色绒毛，后无毛。叶片椭圆形或卵圆形，萌枝叶和强枝叶最大者长可达 2.4cm，宽达 1.5cm，先端钝或急尖，基部圆形或钝，上面绿色，疏具柔毛或无毛，下面灰色或稍苍白色，疏具柔毛，后无毛，叶脉网状突起，全缘。叶柄紫色，具短柔毛或近无毛。雄花序圆柱形，花密集，花序梗短，具 2～3 倒卵状椭圆形小叶。雌花序花密生，具 2～3 叶，轴有柔毛。苞片宽倒卵形，两面具毛，深紫色，与子房近等长。腺体 2，常分裂，但基部结合，呈假花盘状。子房卵形，无柄，具长柔毛；花柱 2 裂，柱头 2 裂。

【生态习性】直立矮小灌木。生长于山脊、山坡及山沟河边、灌丛。生境海拔 3200～4300m。花期 6 月，果期 7 月。

【资源属性】泛喜马拉雅广布种。《IUCN 濒危物种红色名录》等级：未评估（NE）。茎、枝皮、叶治肺脓疡、脉管肿胀、寒热水肿、斑疹、麻疹不透、风寒湿痹疼痛、皮肤瘙痒；果穗治风寒感冒、湿疹等。

十字花科
Brassicaceae

肉叶荠属
Braya

蚓果芥
Braya humilis (C. A. Mey.) B. L. Rob.

【形态特征】植株高达 30cm。茎基部分枝。基生叶倒卵形，长约 1cm，柄长约 2cm。下部茎生叶宽匙形或窄长卵形，长 0.5～3cm，先端钝圆，基部渐窄成柄，全缘或具钝齿；中上部茎生叶线形。花序最下部的花有苞片，稀所有花均有苞片。萼片长圆形，长 1.5～2.5mm，外轮较内轮窄，边缘膜质。花瓣长椭圆形、长卵形或倒卵形，长 3～6mm，白色，先端平截、圆或微缺，基部渐窄成爪。宿存花柱短，柱头 2 浅裂。长角果筒状，长（0.5～）1.2～2.5cm，上下等粗，两端渐细，直或弯曲，果瓣被 2 叉毛。种子每室 1 行，长圆形，红褐色。

【生态习性】多年生草本。生长于山麓草甸、河滩砾石处。生境海拔 1000～3000m。花果期 5～9 月。

【资源属性】泛喜马拉雅、西伯利亚及北美洲高山广布种。《IUCN 濒危物种红色名录》等级：数据缺乏（DD）。全草治食物中毒、消化不良。

十字花科
Brassicaceae

肉叶荠属
Braya

红花肉叶荠

Braya rosea (Turcz.) Bunge

【形态特征】植株高 2～5cm，被单毛与短分枝毛。叶片全部基生，椭圆形、长椭圆形或长圆状倒卵形，长 1.5～2cm，顶端渐尖，具小齿。花序呈紧密的头状，果期稍伸长。萼片长 2～2.5mm，黄色或淡红色，末端有时变为紫黑色，背面顶端隆起，具单毛或分枝毛。花瓣淡红色，窄倒卵形或匙形，长约 3mm，顶端钝圆，基部楔形。花柱长 0.5～1mm。角果卵形或长圆形，长 3～4.5mm，宽约 1.5mm。果梗长 2～4mm。

【生态习性】多年生丛生草本。生长于山坡草地、砾石地、流石滩。生境海拔 2500～4500m。花期 7 月。

【资源属性】泛喜马拉雅及中亚广布种。《IUCN 濒危物种红色名录》等级：无危（LC）。药用价值不详。

紫花碎米荠

Cardamine tangutorum O. E. Schulz

【形态特征】植株高 15～50cm。茎单一，不分枝。根状茎细长，鞭状，匍匐生长。基生叶羽状，柄长达 12cm；小叶 3～5 对，顶生小叶与侧生小叶相似，长椭圆形，长 1.5～5cm，先端尖，基部楔形，有锯齿，无小叶柄，疏生短毛。茎生叶 1～3，生于茎中上部，叶柄长 1～4cm，基部无耳，侧生小叶基部不下延。总状花序，有十几朵花，花梗长 10～15mm。外轮萼片长圆形；内轮萼片长椭圆形，基部囊状，长 5～7mm，边缘白色膜质，外面带紫红色，有少数柔毛。花瓣紫红色或淡紫色，倒卵状楔形，长 8～15mm，顶端截形，基部渐狭成爪。花丝扁。长角果长 3～3.5cm。果柄直立，长 1.5～2cm。种子长 2.5～3mm，褐色。

【生态习性】多年生草本。生长于高山山沟草地及林下阴湿处。生境海拔 2100～4400m。花果期 5～8 月。

【资源属性】泛喜马拉雅、中亚及中国北方高山均有分布。《IUCN 濒危物种红色名录》等级：无危（LC）。全草食用，亦可药用，能清热利湿，并治黄水疮；花可治筋骨疼痛。

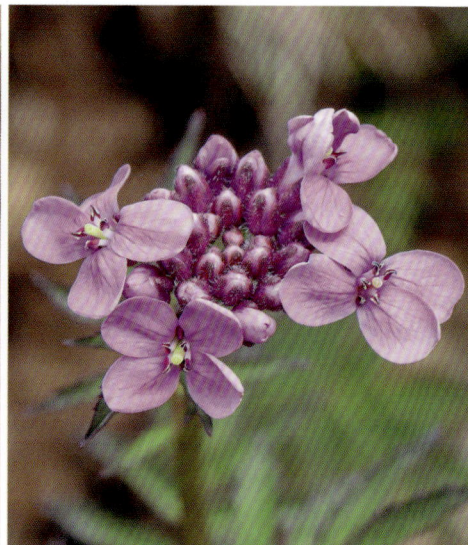

阿尔泰葶苈

Draba altaica (C. A. Mey.) Bunge

【形态特征】植株高 2～10cm。茎基部密集膜质纤维状枯叶，有光泽，上部簇生莲座叶。花茎单一或有一侧枝，直立，多具 1～2 叶，稀无叶，被单毛、有柄叉状毛及星状分枝毛。根茎分枝多，密集。茎生叶无柄，披针形，全缘或具 1～2 齿，或苞叶状。基生叶披针形或长圆形，长 0.6～2cm，全缘或具 1～2 齿，多被长硬单毛和叉状毛，或混生星状毛。总状花序，具 5～15 朵花，聚成近伞房状或头状，无苞片，下部 1～2 花有时具叶状苞片。萼片长椭圆形，长 1～2mm。花瓣白色，长倒卵状楔形，先端微凹，长 2～2.5mm。短角果椭圆形、长椭圆形或卵形，长 1～6mm，无毛，稀有短单毛或 2 叉毛。种子褐色。

【生态习性】多年生丛生草本。生长于山坡岩石边、山顶碎石上、阴坡草甸、山坡砂砾地。生境海拔 2000～5300m。花期 6～7 月。

【资源属性】泛喜马拉雅、中亚及西伯利亚广布种。《IUCN 濒危物种红色名录》等级：无危（LC）。药用价值不详。

总序阿尔泰葶苈

Draba altaica var. **racemosa** O. E. Schulz

【形态特征】阿尔泰葶苈变种，与阿尔泰葶苈的区别：短角果长 1~5mm；花不呈头状密集，为总状花序式排列，较疏松；果序轴伸长至 3~4cm。

【生态习性】多年生矮小丛生草本。生长于石质山坡、流石坡。生境海拔 2600~4470m。花期 6~7 月。

【资源属性】泛喜马拉雅广布种。《IUCN 濒危物种红色名录》等级：无危（LC）。

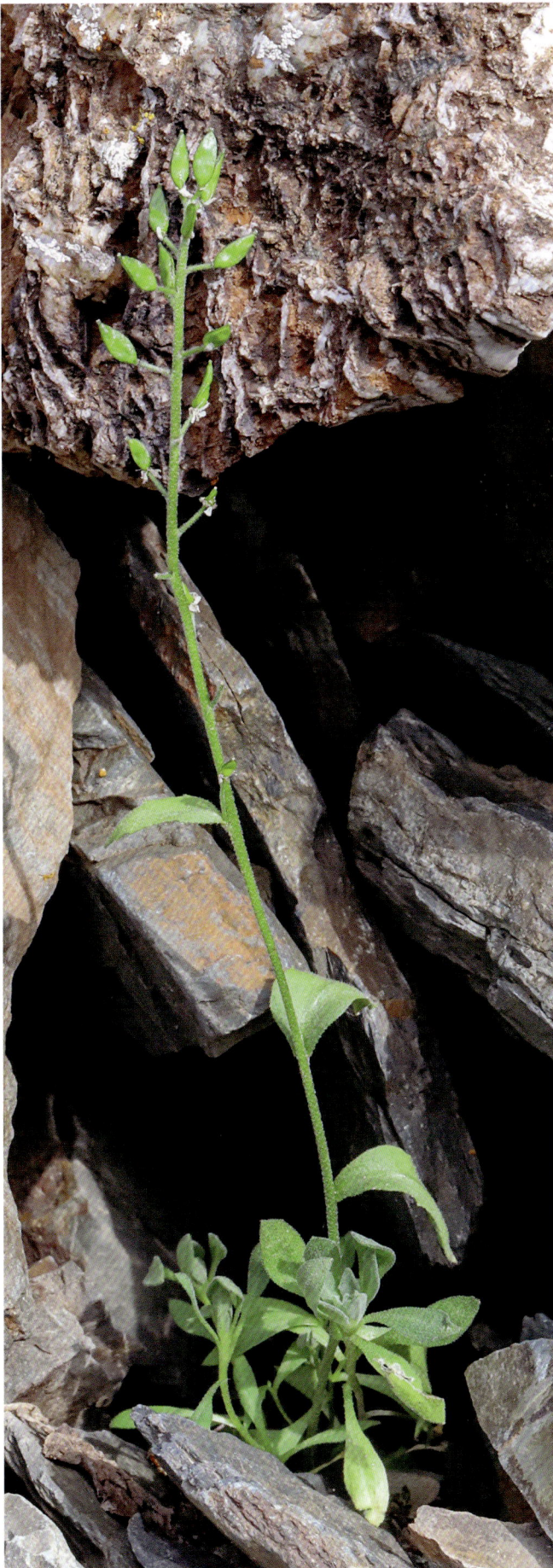

毛葶苈

Draba eriopoda Turcz. ex Ledeb.

【形态特征】植株高 6～40cm。茎直立，单一或有近于直立的分枝，密被单毛、叉状毛或星状毛；毛灰白色，常达花序梗。基生叶莲座状，披针形，顶端渐尖，基部窄，全缘。茎生叶较多，常达 14，下部叶长卵形，上部叶卵形，顶端渐尖，基部宽，两缘各有 1～4 锯齿，无柄或近于抱茎。总状花序，具 20～50 朵花，密集成伞房状，花后显著伸长，疏松，小花梗长 2～5mm。萼片椭圆形或卵形，长约 2mm，顶端钝，背面有毛。花瓣金黄色，倒卵形，长 3～4mm，顶端微凹。雄蕊长 1.8～2mm，花药卵形。雌蕊卵形，无毛；柱头小，花柱不发育。短角果卵形或长卵形。果梗与果序轴呈近于直角开展。种子卵形，褐色。

【生态习性】二年生草本。生长于山坡、阴湿山坡、河谷草滩。生境海拔 1990～4300m。花果期 7～8 月。

【资源属性】泛喜马拉雅广布种。《IUCN 濒危物种红色名录》等级：无危（LC）。药用价值不详。

十字花科
Brassicaceae
葶苈属
Draba

蒙古葶苈
Draba mongolica Turcz.

【形态特征】植株高 5～20cm。茎直立，单一或分枝，着生叶片变化较大，有的疏生，有的紧密，被灰白色小星状毛、分枝毛或单毛。根茎分枝多，分枝茎下部宿存纤维状枯叶，上部簇生莲座叶。莲座茎生叶披针形，顶端渐尖，基部缩窄成柄，全缘或每缘具 1～2 锯齿。茎生叶长卵形，基部宽，无柄或近于抱茎，每缘常具 1～4 齿，密生单毛、分枝毛和星状毛。总状花序，具 10～20 朵花，密集成伞房状，下面数花有时具叶状苞片。萼片椭圆形，背面生单毛和叉状毛。花瓣白色，长倒卵形。雄蕊短卵形。子房长椭圆形，无毛。短角果卵形或狭披针形，扁平或扭转。果梗呈近于直角开展或贴近花序轴。种子黄棕色。

【生态习性】多年生丛生草本。生长于山顶岩石隙或山顶草地、阳坡及河滩地。生境海拔 2300～5000m。花期 6～7 月。

【资源属性】泛喜马拉雅、中亚及西伯利亚广布种。《IUCN 濒危物种红色名录》等级：无危（LC）。药用价值不详。

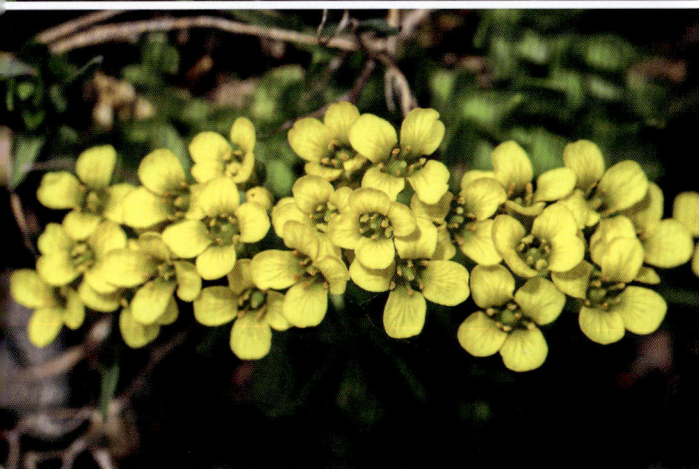

喜山葶苈

Draba oreades prol. ***chinensis*** O. E. Schulz

【形态特征】植株高 2～10cm。花茎高 5～8cm，无叶或偶有 1 叶，密生长单毛、叉状毛。根茎分枝多，下部留有鳞片状枯叶，上部叶丛生成莲座状，有时互生。叶片长圆形至倒披针形，长 6～25mm，宽 2～4mm，顶端渐钝，基部楔形，全缘或有时具锯齿，下面和叶缘有单毛、叉状毛或少量不规则的分枝毛，上面有时近于无毛。总状花序，密集成近头状，结实时疏松，但不伸长，小花梗长 1～2mm。萼片长卵形，背面有单毛。花瓣黄色，倒卵形，长 3～5mm。花柱长约 0.5mm。短角果短宽卵形，长 4～6mm，宽 3～4mm，顶端渐尖，基部钝圆，无毛，果瓣不平。种子卵圆形，褐色。

【生态习性】多年生草本。生长于高山岩石边及高山石砾沟边裂缝。生境海拔 3000～5300m。花期 6～8 月。

【资源属性】泛喜马拉雅及中亚广布种。《IUCN 濒危物种红色名录》等级：无危（LC）。全草具助消化、消炎的功效。

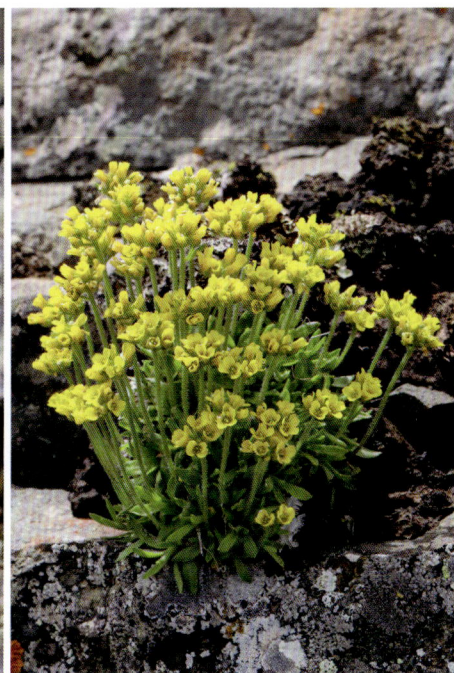

矮喜山葶苈

Draba oreades var. ***commutata*** (E. Regel) O. E. Schulz

【形态特征】喜山葶苈变种，与喜山葶苈的区别：植株矮小；花茎高 0.5～3.5cm；莲座叶倒卵状楔形，顶端圆，长 4～12mm；萼片长 1.2～1.5mm；花瓣长约 3mm；角果长 3～4mm。

【生态习性】多年生草本。生长于高山石砾沟边裂缝。生境海拔 4000～5300m。花期 6～8 月。

【资源属性】泛喜马拉雅及中亚广布种。《IUCN 濒危物种红色名录》等级：无危（LC）。与喜山葶苈的药用功效相似。

半抱茎葶苈

Draba subamplexicaulis C. A. Mey.

【形态特征】植株高 6～25cm。茎直立，疏生 3～8 叶，被单毛、叉状毛及分枝毛。根茎分枝多，下部宿存纤维状残叶，上部有莲座叶。基生叶披针形或长圆状披针形，顶端渐尖，基部缩窄成柄，全缘，两面混生单毛、叉状毛、分枝毛及少量星状毛。茎生叶长圆形或长卵圆形，长 10～15mm，宽 3～5mm，基部宽或楔形，无柄，半抱茎，边缘具 1～2 小齿或近于全缘，被有与基生叶相同的毛。总状花序，具 8～20 朵花，聚生成伞房状，有时似头状，小花梗密生毛。萼片无毛或疏生单毛及叉状毛。花瓣白色，倒卵状长圆形或长圆形，长 3.5～4.5mm，宽约 1.5mm。短角果长椭圆形或长卵形，通常无毛，有时有毛。

【生态习性】多年生或二年生丛生草本。生长于草地阴处、砂砾地、阴坡岩石缝。生境海拔 2300～3900m。花果期 6～7 月。

【资源属性】泛喜马拉雅、中亚及西伯利亚广布种。《IUCN 濒危物种红色名录》等级：无危（LC）。药用价值不详。

紫花糖芥

Erysimum funiculosum Hook. f. & Thomson

【形态特征】植株高 2～6cm。茎短缩。根颈多头或再分枝。基生叶莲座状，长圆状线形，长 1～2cm，先端尖，基部渐窄，全缘，柄长 1～2cm。无茎生叶。花葶多数，直立，长约 1cm，果期不外折。萼片长圆形，长 2～3mm，背面突出。花瓣淡紫色，窄匙形，长 7～9mm，先端圆或平截，有脉纹，基部具爪。长角果长 1～2cm，具 4 棱，坚硬，顶端稍弯。果柄长 6～8mm，斜上。种子卵圆形或长圆形，长约 1mm。

【生态习性】多年生矮小草本。生长于高山草甸、流石滩。生境海拔 3900～5400m。花期 6～7 月，果期 7～8 月。

【资源属性】泛喜马拉雅广布种。《IUCN 濒危物种红色名录》等级：无危（LC）。具健脾和胃、利尿强心的功效。

罗巧玉 摄

红紫桂竹香
Erysimum roseum (Maxim.) Polatschek

【形态特征】植株高 10~20cm，全体贴生 2 叉毛。茎直立，不分枝，基部具残存叶柄。基生叶披针形或线形，长 2~7cm，宽 3~5mm，顶端急尖，基部渐狭，全缘或疏生细齿，柄长 1~4cm。茎生叶较小，具短柄，上部叶无柄。总状花序，疏生多数花，长达 9cm。花粉红色或红紫色，直径 1.5~2cm。花梗长 5~10mm，开展，密生叉状毛或无毛。萼片直立，长圆形、披针状长圆形或卵状长圆形，长 7~8mm。花瓣倒披针形，长 12~15mm，有深紫色脉纹，具长爪。花柱长约 1mm。长角果线形，具 4 棱，长 2~3.5cm，宽 1.5~2mm，稍弯曲。果梗增粗，长 4~5mm。种子卵形，长约 1mm，褐色。

【生态习性】多年生草本。生长于高山石堆缝隙、砾石化草地。生境海拔 3400~3700m。花期 5~7 月，果期 7~9 月。

【资源属性】中国特有种。《IUCN 濒危物种红色名录》等级：无危（LC）。全草入药，具清热解毒的功效。

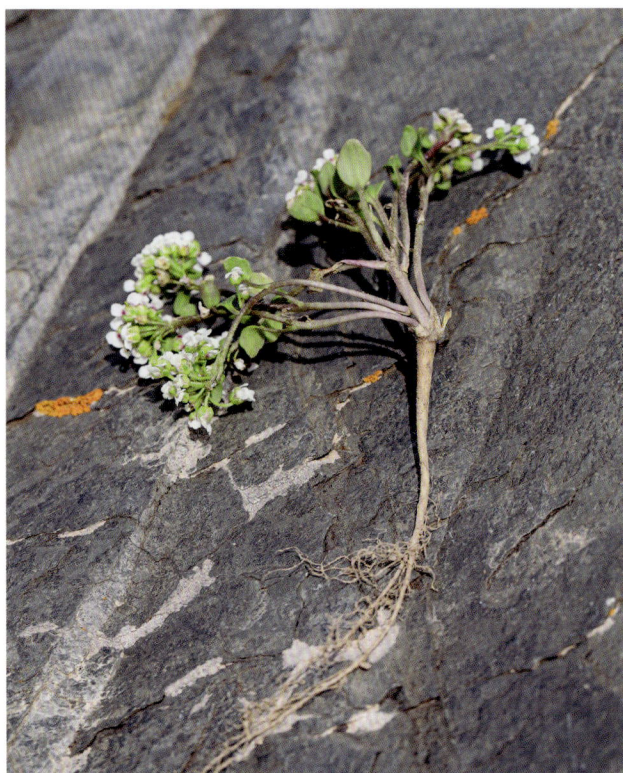

泉沟子荠

Eutrema fontanum (Maxim.) Al-Shehbaz & Warwick

【形态特征】植株高5～14cm。茎单一，有数条平卧稀上升或直立的分枝，被倒毛或上升柔毛。根窄纺锤状线形，肉质，基部有鳞状小叶。基生和茎生下部叶卵形或长圆形，向上渐变小，先端钝圆，基部钝或楔形，全缘或波状。总状花序，花密，所有花具叶状苞片。萼片长圆形，边缘膜质，靠近上端疏被短缘毛和柔毛。花瓣白色或淡紫色，倒卵形或匙形，先端微缺，基部渐窄。花丝白色或淡紫色，基部扩大；花药卵圆形。短角果倒心形，基部钝圆，隔膜明显或稍窄；果瓣无毛或疏被柔毛，平滑。果柄无毛或近轴面有毛，稍弯。种子3～8，褐色，长圆形，压扁，蜂窝状。

【生态习性】多年生矮小草本。生长于高山草地。生境海拔4000～5000m。花期6～9月，果期7～10月。

【资源属性】中国特有种。《IUCN濒危物种红色名录》等级：未评估（NE）。药用价值不详。

密序山萮菜

Eutrema heterophyllum (W. W. Sm.) H. Hara

【形态特征】植株高 6～18cm，全体光滑无毛。茎 1 或数条丛生，基部常呈淡紫色。根粗大，根颈残存枯叶柄。基生叶长卵状圆形至卵状三角形，长 7～15mm，宽约 7mm，顶端钝或急尖，基部截形、略心形或渐窄，柄长 1.5～5cm。下部茎生叶具宽柄，上部无柄，长卵状圆形至条形，顶端钝，基部渐窄，全缘。花序伞房状，果期略伸长，花梗长 1～2mm。外轮萼片宽卵状长圆形，内轮卵形，长约 2mm。花瓣白色，长圆状倒卵形，长 3～4mm，顶端钝圆。角果纺锤形，长 7～8mm，宽约 1.5mm；果瓣中脉明显，顶端尖，基部钝圆。果梗长 2～6mm。种子卵形，黑褐色。

【生态习性】多年生草本。生长于山顶流石坡。生境海拔 4900～5100m。花期 8 月，果期 9 月。

【资源属性】泛喜马拉雅、中亚及中国北方山地均有分布。《IUCN 濒危物种红色名录》等级：无危（LC）。具助消化、杀菌、抗活性氧自由基等功效。

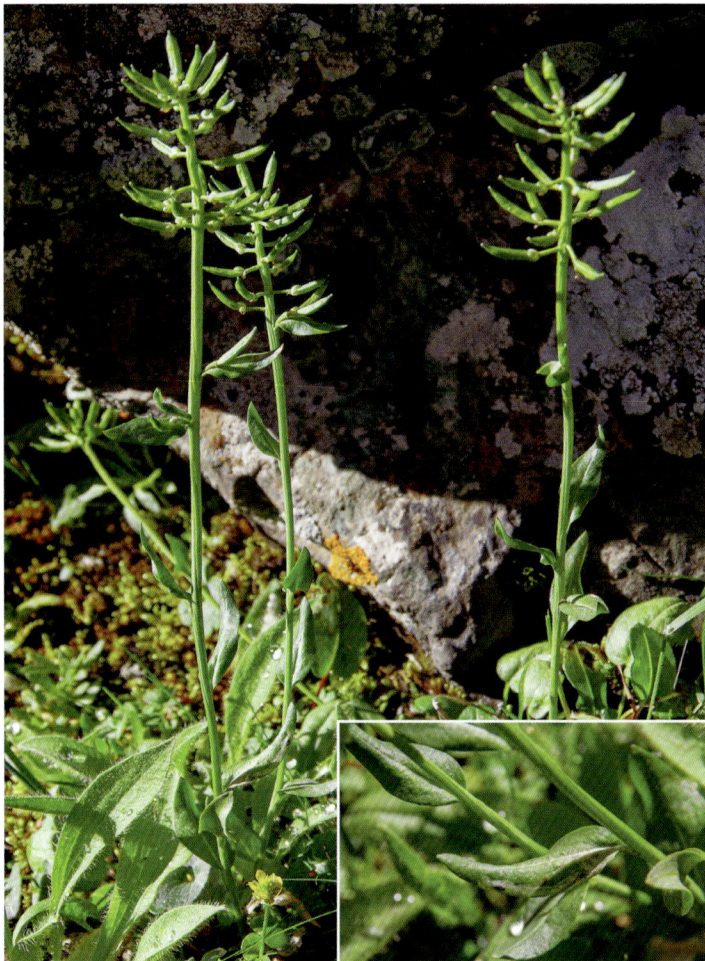

歪叶山萮菜

Eutrema obliquum K. C. Kuan

【形态特征】植株高 8～15cm，全体无毛。茎 1 至数条丛生，直立。根粗直，根颈残存枯叶柄。基生叶卵圆形、卵形或长圆形，长 1～2cm，宽 4～11mm，顶端钝圆，基部浅心形或截形，歪斜，全缘，柄长 1～2cm。下部茎生叶有柄，向上渐无，并渐小、渐窄至披针形或线状长圆形。花序密集成头状，果期不延伸。萼片卵形，长约 1.5cm。花瓣白色或淡黄色，长圆状倒卵形，长 2.5～3mm，顶端钝圆。短角果窄椭圆形或线状披针形，长 4～6mm，宽约 1mm，直或上部稍弯，稍龙骨状隆起，顶端渐尖，基部钝。种子褐色，长圆形或长卵圆形，长约 2mm。种柄丝状。

【生态习性】多年生草本。生长于高山阴坡草地或灌丛。生境海拔 3650～4500m。花期 6 月，果期 7～8 月。

【资源属性】中国特有种。《IUCN 濒危物种红色名录》等级：未评估（NE）。药用功效与其他山萮菜相似。

蓼科
Polygonaceae

大黄属
Rheum

歧穗大黄

Rheum przewalskyi Losinsk.

【形态特征】无茎。根茎顶端具多层托叶鞘。基生叶2～4，革质，宽卵形或菱状宽卵形，长10～20cm，宽9～17cm，先端钝圆，基部近心形，全缘，有时微波状，基脉5～7，上面黄绿色，下面紫红色，两面无毛或下面具小乳突，柄粗。花葶2～3，自根茎生出，与叶近等长或短于叶，每枝成2～4歧状分枝，无毛。总状花序穗形，花梗下部具关节。花被片宽卵形或卵形，黄白色，外轮短于内轮。雄蕊9，与花被近等长或稍外露；花丝基部与花盘合生。花柱长，柱头盘状。果宽卵形或梯状卵形，顶端圆，有时微凹或微突，基部稍心形，纵脉在翅中部偏外缘。种子卵形，深褐色。

【生态习性】矮壮草本。生长于山坡、山沟或林下石缝或山间洪积平原砂地。生境海拔1550～5000m。花期7月，果期8月。

【资源属性】中国特有种。《IUCN濒危物种红色名录》等级：无危（LC）。药用功效与穗序大黄相似。

120　青藏高原北部高山冰缘带植物图谱

小大黄
Rheum pumilum Maxim.

【形态特征】植株高 10～25cm。茎细，直立，疏被灰白色毛。基生叶 2～3，卵状椭圆形或长椭圆形，长 1.5～5cm，宽 1～3cm，近革质，先端圆，基部浅心形，全缘，基脉 3～5，中脉粗，上面无毛，稀中脉基部疏被柔毛，下面叶脉及叶缘疏被白色短毛；叶柄与叶等长或稍长，被短毛。茎生叶 1～2，近披针形。托叶鞘短，膜质，常开裂，无毛。花梗细，长 2～3mm，基部具关节。花被片椭圆形或宽椭圆形，长 1.5～2mm，边缘紫红色。雄蕊 9，稀较少，内藏。花柱短，柱头近头状。果三角形或三角状卵形，长 5～6mm，最下部直径约 4mm，顶端具小凹，翅宽 1～1.5mm，纵脉在翅中间。

【生态习性】多年生草本。生长于山坡草甸、高山草线、灌丛。生境海拔 2800～4500m。花期 6～7 月，果期 8～9 月。

【资源属性】泛喜马拉雅广布种。《IUCN 濒危物种红色名录》等级：无危（LC）。具清胃肠积热、泻下的功效，藏医常用于治疗便秘、腹水、黄水病、腹痛、瘀血等。

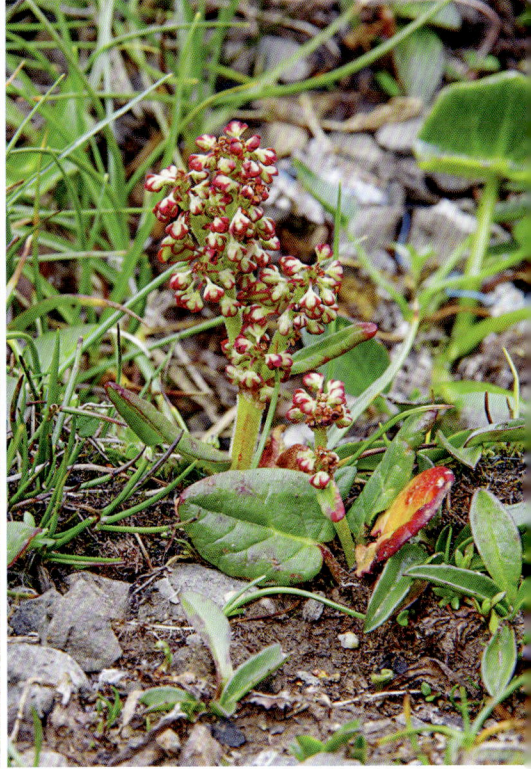

蓼科
Polygonaceae

大黄属
Rheum

穗序大黄
Rheum spiciforme Royle

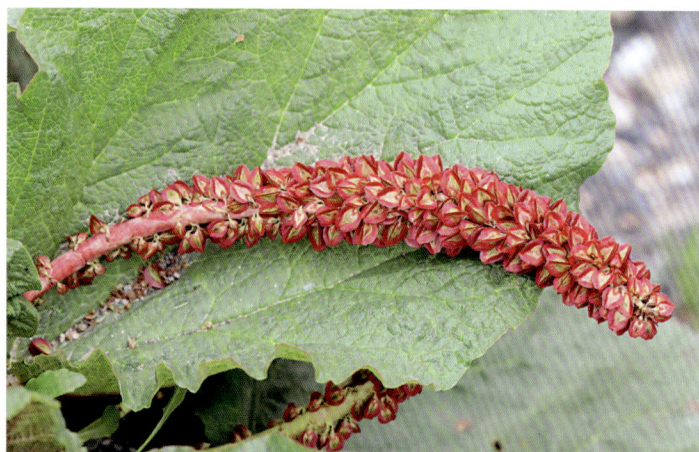

【形态特征】无茎。叶片基生，近革质，卵圆形或宽卵状椭圆形，长 10～20cm，宽 8～15cm，顶端钝圆，基部圆或浅心形，全缘，边缘略呈波状，基出脉多为 5，上面暗绿色或黄绿色，下面紫红色，两面被乳突状毛或上面无毛。叶柄粗壮，半圆柱状，紫红色，无毛或具小乳突。花葶 2～4，自根状茎顶端抽出，高于叶或稍矮，具细棱线，被乳突。总状花序穗状，花淡绿色，花梗细，关节近基部。花被片椭圆形或长椭圆形，内轮较大。雄蕊 9，与花被近等长，花药黄色。子房略倒卵状球形，花柱短，横展，柱头大，表面有突起。果矩圆状宽椭圆形，顶端阔圆或微凹，纵脉在翅中间。

【生态习性】矮壮草本。生长于高山碎石坡或河滩砂砾地。生境海拔 4000～5000m。花期 6 月，果期 8 月。

【资源属性】泛喜马拉雅及中亚广布种。《IUCN 濒危物种红色名录》等级：无危（LC）。具泻火解毒、攻积化瘀、散解止血的功效，还有导泻、抗病原微生物、利胆、保肝、降血脂、止血、活血、抗肿瘤、调节免疫等多重作用。

黑蕊无心菜

Arenaria melanandra
(Maxim.) Mattf. ex Hand.-Mazz.

【形态特征】植株高 6～10cm。茎单生或基部 2 分叉，下部倾斜，具碎片状剥落的鳞片，上部直立，褐色，被腺柔毛。根茎细长。叶片长圆形或长圆状披针形，长 1～1.8cm，宽 3～5mm，基部较狭，疏生缘毛，顶端钝，中脉明显。茎下部叶具短柄，茎上部叶无柄。叶腋生不育枝。花 1～3，顶生。花梗长 0.5～2cm，密被腺柔毛。萼片卵状披针形，长 5～6mm，有缘毛，具 1 脉，绿色，疏被黑紫色腺毛。花瓣宽倒卵形，长 1～1.2cm，先端微凹。花盘碟状，具 5 椭圆形腺体。雄蕊 10，短于花瓣，花药黑紫色。花柱 2 或 3。蒴果长圆状卵形，稍短于宿存萼，4～6 裂，具短柄。种子卵圆形，表面具皱纹，灰褐色。

【生态习性】多年生草本。生长于高山草甸或高山砾石带。生境海拔 3700～5000m。花期 7 月，果期 8 月。

【资源属性】泛喜马拉雅广布种。《IUCN 濒危物种红色名录》等级：未评估（NE）。全草入药，能利湿、消炎、消肿、治腹水。

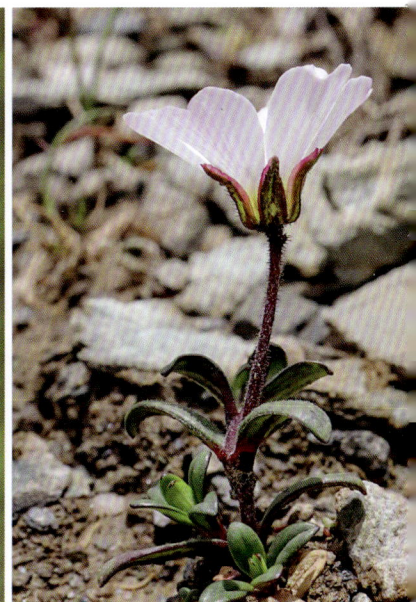

福禄草

Arenaria przewalskii Maxim.

【形态特征】植株高 10～12cm。茎基部匍生，宿存纤维状枯萎叶鞘，上部直立，密被淡褐色腺毛。主根细长，木质化，支根须状。基生叶线形，基部连合成鞘，膜质，边缘稍反卷，顶端钝或急尖，无毛，中脉突起。茎生叶披针形或狭披针形。聚伞状花序，具 3 朵花，花梗密被腺毛。苞片卵状椭圆形，基部稍狭，顶端钝，外面被腺毛。萼片 5，紫色，宽卵形，边缘膜质，下部具缘毛，顶端钝圆，密被腺毛。花瓣 5，白色，倒卵形，基部渐狭成楔形，顶端钝圆。花盘碟形，具 5 椭圆形腺体。雄蕊 10，花丝扁线形，花药椭圆形，背面着生，黄色。子房长圆状倒卵形，具柄；花柱 3，线形，柱头长椭圆形。蒴果倒卵圆形。

【生态习性】多年生草本，密丛生。生长于高山草甸和退缩冰斗中。生境海拔 2600～4200m。花果期 7～8 月。

【资源属性】中国特有种。《IUCN 濒危物种红色名录》等级：无危（LC）。全草入药，能清热润肺、治肺结核和肺炎。

簇生泉卷耳

Cerastium fontanum subsp. *vulgare* (Hartm.)
Greuter & Burdet

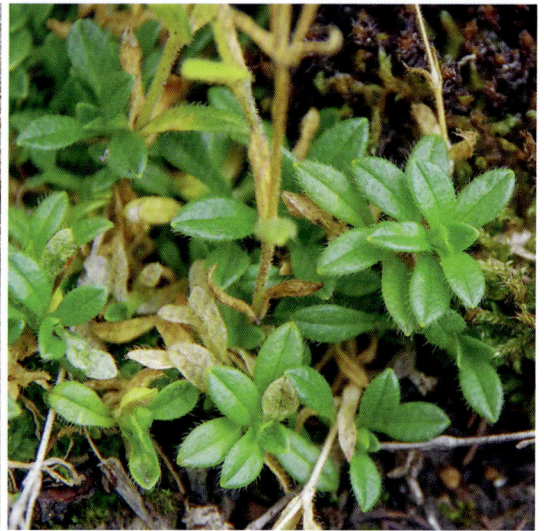

【形态特征】植株高 15～30cm。茎单生或丛生，近直立，被白色短柔毛和腺毛。基生叶近匙形或倒卵状披针形，基部渐狭成柄状，两面被短柔毛。茎生叶近无柄，卵形至披针形，顶端急尖或钝尖，两面被短柔毛，具缘毛。聚伞花序顶生。花梗细，密被长腺毛，花后弯垂。苞片草质。萼片5，长圆状披针形，外面密被长腺毛，边缘中部以上膜质。花瓣5，白色，倒卵状长圆形，等长或微短于萼片，顶端2浅裂，基部渐狭，无毛。雄蕊短于花瓣，花丝扁线形，无毛。花柱5，短线形。蒴果圆柱形，顶端10齿裂。种子褐色，具瘤状突起。

【生态习性】多年生或一、二年生草本。生长于山地林缘杂草间或疏松沙质土壤上。《中国植物志》记录生境海拔为 1200～2300m，但笔者在祁连山等地 3500～4400m 的高海拔流石滩也记录到。花期5～6月，果期6～7月。

【资源属性】北半球山地广布种。《IUCN 濒危物种红色名录》等级：无危（LC）。全草入药，具清热解毒、消肿止痛的功效。

山卷耳

Cerastium pusillum Ser.

【形态特征】植株高 5～15cm。茎丛生，上升，密被柔毛。须根纤细。茎下部叶较小，匙状，顶端钝，基部渐狭成短柄状，被长柔毛；茎上部叶稍大，长圆形至卵状椭圆形，顶端钝，基部钝圆或楔形，两面密被白色柔毛，具缘毛，下面中脉明显。聚伞花序顶生，具 2～7 朵花。花梗细，密被腺柔毛，花后常弯垂。苞片草质。萼片 5，披针状长圆形，下面密被柔毛，顶端两侧宽膜质，有时带紫色。花瓣 5，白色，长圆形，比萼片长，基部稍狭，顶端 2 浅裂至 1/4 处。花柱 5，线形。蒴果长圆形，10 齿裂。种子褐色，扁圆形，具疣状突起。

【生态习性】多年生草本。生长于高山草地、流石滩。生境海拔 2350～4200m。花期 7～8 月，果期 8～9 月。

【资源属性】北半球山地广布种。《IUCN 濒危物种红色名录》等级：无危（LC）。具散风祛湿、消炎镇痛等功效。

甘肃雪灵芝

Eremogone kansuensis (Maxim.) Dillenb. & Kadereit

【形态特征】植株高 4～5cm。主根粗壮，木质化，下部密集枯叶。叶片针状线形，长 3～5mm，宽 1～1.5mm，基部稍宽，抱茎，边缘狭膜质，下部具细锯齿，稍内卷，顶端急尖，呈短芒状，上面微凹入，下面突出，呈三棱形，质稍硬，紧密排列于茎上。花单生于枝端，花梗长 2.5～4mm，被柔毛。苞片披针形，长 3～5mm，宽 1～1.5mm，基部连合成短鞘，边缘宽膜质，顶端锐尖，具 1 脉。萼片 5，披针形，基部较宽，边缘宽膜质，顶端尖，具 1 脉。花瓣 5，白色，倒卵形，基部狭，呈楔形，顶端钝圆。花盘杯状，具 5 腺体。雄蕊 10，花丝扁线形，花药褐色。子房球形，1 室，具多数胚珠；花柱 3，线形。

【生态习性】多年生垫状草本。生长于高山草甸、山坡草地和砾石带。生境海拔 3500～5300m。花期 7 月。

【资源属性】中国特有种。青海省重点保护野生植物。《IUCN 濒危物种红色名录》等级：未评估（NE）。具清热止咳、利湿退黄、蠲痹止痛的功效，常用于治疗外感发热、肺热咳嗽、黄疸、淋浊、风湿痹痛、高血压。

青海雪灵芝

Eremogone qinghaiensis (Tsui & L. H. Zhou)
Rabeler & W. L. Wagner

【形态特征】植株高5～8cm。茎密丛生，基部木质化，下部密集枯叶。根粗壮，木质化。叶片针状线形，长1～1.5cm，宽约1mm，顶端急尖，基部较宽，膜质，抱茎，边缘狭膜质，疏生缘毛，稍内卷。花单生于小枝顶端，花梗长约1mm，无毛。苞片线状披针形，长3～4mm，宽不足1mm。萼片5，线状披针形，长7～8mm，宽1.5～2mm，顶端急尖，边缘膜质，基部较宽，具1～3脉。花瓣5，白色，椭圆状卵形，长8～9mm，宽2.5～3mm，顶端钝。花盘碟状，具大而明显的5椭圆形腺体。雄蕊10；花丝线形，长4～5mm；花药椭圆形，黄色。子房卵球形，1室，具多数胚珠；花柱3，线形。

【生态习性】多年生垫状草本。生长于高山草甸及流石滩。生境海拔4200m以上。花期6～7月。

【资源属性】中国特有种。青海省重点保护野生植物。《IUCN濒危物种红色名录》等级：未评估（NE）。药用价值与甘肃雪灵芝相似。

安多无心菜

Odontostemma amdoense (L. H. Zhou)
Rabeler & W. L. Wagner

【形态特征】植株大部分被腺柔毛。根圆锥形，具多数细小支根。茎高 2～4cm，直立，由基部二歧状分枝，基下部淡黄色，无毛，具光泽。茎上部绿色或紫色，被腺柔毛，分枝较密。叶片匙形，革质，长 4～10mm，宽 1～3.5mm，顶端钝，基部渐狭呈短柄，边缘密具缘毛，两面疏被腺柔毛。聚伞花序，花 3～5，稀单生，绿色或褐色。萼片 5，卵形，革质，基部较宽，边缘狭膜质，顶端钝，具 1 脉，外面密被腺柔毛。花瓣 5，白色，宽倒卵形，长为萼片的 1.5～2 倍，顶端 2 浅裂或微凹。雄蕊 10，长于萼片，花药黑色。子房卵圆形，花柱 2，线形。

【生态习性】一年生或二年生矮小丛生草本。生长于砂质土壤的草甸与流石滩的过渡区域。生境海拔 4800～5000m。花期 7 月。

【资源属性】中国特有种。《IUCN 濒危物种红色名录》等级：未评估（NE）。药用价值不详。

石竹科
Caryophyllaceae
蝇子草属
Silene

细蝇子草

Silene gracilicaulis C. L. Tang

【形态特征】植株高（15～）20～50cm。茎疏丛生，稀较密，直立或上升，不分枝，稀下部具1～2分枝，无毛。根粗壮，稍木质。基生叶线状倒披针形，长6～18cm，宽2～5mm，基部渐窄成柄状。茎生叶线状披针形，较基生叶小，基部连合，具缘毛。花序总状，花多数，对生，稀近轮生。花梗较粗，与花萼近等长。苞片卵状披针形，长0.4～1.2cm，基部连合，具缘毛。花萼钟形，长0.8～1.2cm，直径约4mm，纵脉紫色；萼齿三角状卵形，具短缘毛。花瓣白色或灰白色，下面带紫色，爪倒披针形，耳三角形，瓣片伸出花萼，2裂达中部或更深，裂片长圆形。副花冠长圆形。雌雄蕊柄被短毛。蒴果长圆状卵圆形。种子圆肾形。

【生态习性】多年生草本。生长于砾石草地或山坡。生境海拔3000～4000m。花期7～8月，果期8～9月。

【资源属性】泛喜马拉雅广布种。《IUCN濒危物种红色名录》等级：无危（LC）。全草或根入药，治小便不利、尿痛、尿血、经闭等。

尼泊尔蝇子草

Silene nepalensis Majumdar

【形态特征】植株高10~50cm。茎丛生，密被柔毛。根具多头根颈。基生叶线状披针形，基部渐窄成柄状。茎生叶两面及边缘被柔毛。圆锥花序具多数花，花俯垂，后期直立，花梗密被柔毛。苞片线形，被柔毛。花萼窄钟形，密被柔毛，基部圆，口张开，纵脉暗紫色或暗绿褐色，脉端在萼齿连合，萼齿三角形。花瓣伸出花萼，爪宽楔形，具耳，瓣片紫色，先端凹缺或2裂，裂片全缘，有时具微齿。副花冠近圆形，顶端钝或微缺。雌雄蕊柄被柔毛，花丝无毛，雄蕊及花柱内藏。蒴果卵状椭圆形，5瓣裂或10齿裂。种子肾形，肥厚，微扁，灰褐色，两侧具线条纹，脊具小瘤。

【生态习性】多年生草本。生长于山坡草地。生境海拔2700~5100m。花期7~8月，果期8月。

【资源属性】泛喜马拉雅广布种。《IUCN濒危物种红色名录》等级：无危（LC）。药用功效与蝇子草属其他植物相似。

变黑蝇子草
Silene nigrescens (Edgew.) Majumdar

【形态特征】植株高 10～15cm。茎丛生，直立，被腺毛。根粗壮，具多头根颈。基生叶莲座状线形或狭倒披针形，两面被微柔毛，灰绿色，背面中脉突起。茎生叶常 2～4，线形或狭披针形。花单生，稀 2～3，微俯垂，后期直立，花梗密被腺柔毛。苞片披针形，草质。花萼圆球形，囊状，膜质，口微收缩，基部微脐形；纵脉 10，较粗，紫色或近黑色，脉端在萼齿通常不连合，密被腺柔毛；萼齿宽三角形，边缘膜质，具腺缘毛。花瓣露出花萼，基部具绵毛状缘毛，瓣片宽倒卵形，黑紫色，浅 2 裂。雌雄蕊柄短，被柔毛；花药青紫色，微露出花冠喉部；花柱微外露。蒴果近圆球形，比宿存萼短。

【生态习性】多年生丛生草本。生长于高山草甸。生境海拔 3800～4200m。花果期 7～9 月。

【资源属性】泛喜马拉雅广布种。《IUCN 濒危物种红色名录》等级：未评估（NE）。具清热利湿、解毒消肿的功效。

腺毛蝇子草
Silene yetii Bocquet

【形态特征】植 株 高 30～50cm， 全体密被腺毛和黏液。茎疏丛生，粗壮，直立。主根粗壮，稍木质，多侧根。基生叶倒披针形或椭圆状披针形，基部渐狭成长柄状，两面被腺毛，边缘和沿叶脉具硬毛，中脉明显。上部茎生叶倒披针形至披针形，基部半抱茎。总状花序，花3～5，微俯垂，后期直立。苞片线状披针形，草质。花萼钟形，密被腺毛，果期微膨大；纵脉紫色，脉端在萼齿多少连合，被腺毛；萼齿卵状三角形，边缘膜质，白色，具缘毛。花瓣露出花萼，紫色，近椭圆形，浅2裂。雄蕊内藏，花丝具毛。花柱内藏。蒴果卵形，比宿存萼短。种子肾形，灰褐色。

【生态习性】多年生草本。生长于多砾石草坡。生境海拔2700～5000m。花期7月，果期8月。

【资源属性】泛喜马拉雅广布种。《IUCN濒危物种红色名录》等级：无危（LC）。全草治高血压、黄疸病、咽喉炎、月经过多、中耳炎，根单用止泻。

囊种草

Thylacospermum caespitosum (Cambess.) Schischk.

【形态特征】茎基部强烈分枝，木质化。叶片覆瓦状紧密排列，卵状披针形，长 2～4mm，宽约 2mm，顶端短尖，质硬，有光泽。花单生于茎顶，几无梗。萼片披针形，长约 2.5mm，宽约 1mm，顶端钝或渐尖，具 3 绿色脉。花瓣 5，卵状长圆形，顶端稍钝圆，基部稍狭，全缘。花盘圆形，肉质，黄色。雄蕊 10，短于萼片。花柱 3，线形，常伸出萼外。蒴果球形，直径 2.5～3mm，黄色，具光泽，6 齿裂。种子肾形，直径约 1.5mm，种皮海绵质。

【生态习性】多年生垫状草本，常呈球形。生长于山顶沼泽地、流石滩、岩石缝和高山垫状植被中。生境海拔 3600～6000m。花期 6～7 月，果期 7～8 月。

【资源属性】泛喜马拉雅广布种。《IUCN 濒危物种红色名录》等级：无危（LC）。药用价值不详。

垫状点地梅

Androsace tapete Maxim.

【形态特征】根出短枝为鳞状枯叶覆盖，呈棒状。当年生莲座叶丛叠生于老叶丛上，通常无节间。叶两型，外层叶卵状披针形或卵状三角形，较肥厚，先端钝，背部隆起，微具脊；内层叶线形或狭倒披针形，中上部绿色，顶端具密集的白色画笔状毛，下部白色，膜质，边缘具短缘毛。花葶近于无或极短。花单生，无梗或具极短的柄，包藏于叶丛中。苞片线形，膜质，有绿色细肋，约与花萼等长。花萼筒状，具稍明显的5棱，棱间通常白色，膜质，分裂达全长的1/3；裂片三角形，先端钝，上部边缘具绢毛。花冠粉红色，直径约5mm，裂片倒卵形，边缘微呈波状。

【生态习性】多年生垫状草本。生长于砾石山坡、河谷阶地和平缓山顶。生境海拔3500～5000m。花期6～7月。

【资源属性】泛喜马拉雅广布种。《IUCN濒危物种红色名录》等级：无危（LC）。可用于治疗炭疽、黄水病等；对保持水土和地被景观具有重要作用。

雅江点地梅

Androsace yargongensis Petitm.

【形态特征】主根不明显，具多数须根。根出条多数。当年生叶丛位于顶端，从中抽出花葶及新的2～4根出条。外层叶线形至舌状长圆形，先端钝，早枯，枣红色，质地稍厚，两面无毛，边缘具稀疏短睫毛；内层叶长圆状匙形，黄绿色，先端钝圆或微尖，下面上端紫色，先端缘毛密。花葶单一，具卷曲的长柔毛和无柄腺体。伞形花序，具5～6朵花。花梗短于苞片，毛被同苞片。苞片椭圆形或长圆形，常对折成舟状，偶带紫色，具柔毛和无柄腺体，基部微呈囊状。花萼钟状，分裂达中部，裂片卵形或卵状三角形，先端钝，被长柔毛和缘毛。花冠白色或粉红色，裂片阔倒卵形，边缘微呈波状。

【生态习性】多年生草本。生长于高山石砾地、草甸和湿润河滩。生境海拔3600～4800m。花期6～7月，果期7～8月。

【资源属性】中国特有种。《IUCN濒危物种红色名录》等级：无危（LC）。药用价值不详；对保持水土和地被景观具有重要作用。

高原点地梅

Androsace zambalensis (Petitm.) Hand.-Mazz.

【形态特征】根出条稍粗壮，深褐色，节上具枯老叶丛，上部节间短或新叶丛叠生于老叶丛上而无明显间距。外层叶长圆形或舌形，早枯，深褐色，先端钝，稍向内弯拱，上面疏被毛，下面被短硬毛，上部边缘被睫毛；内层叶狭舌形至倒披针形，毛被同外层叶，较密。花葶单生，被开展的长柔毛。伞形花序，具 2～5 朵花。花梗短于苞片，被柔毛。苞片倒卵状长圆形至阔倒披针形，先端钝，背部和边缘具长柔毛。花萼阔钟形或杯状，密被柔毛，分裂至近中部；裂片卵状三角形，先端稍钝。花冠白色，喉部周围粉红色，裂片阔倒卵形或楔状倒卵形，全缘或先端微凹。

【生态习性】多年生垫状草本。生长于湿润的砾石草甸和流石滩。生境海拔 3600～5000m。花期 6～7 月。

【资源属性】泛喜马拉雅广布种。《IUCN 濒危物种红色名录》等级：无危（LC）。具渗湿利水的功效，用于治疗湿痹关节酸重疼痛、小便不利；对保持水土和地被景观具有重要作用。

報春花科
Primulaceae

報春花属
Primula

紫罗兰报春
Primula purdomii Craib

【形态特征】与岷山报春相似，区别在于：花冠裂片长圆形，颜色与冠筒相同或较深，短于冠筒。紫罗兰报春花冠为蓝紫色至近白色，但野外调查发现，在流石滩岩石阴湿处生长的个体多为白色。

【生态习性】多年生草本。生长于湿草地、灌木林和潮湿石缝。生境海拔 3300～4100m。花期 6～7 月，果期 8 月。

【资源属性】中国特有种。《IUCN 濒危物种红色名录》等级：近危（NT）。花色艳丽，具有较高的观赏价值。

荨麻叶报春
Primula urticifolia Maxim.

【形态特征】植株高 3～8cm。根状茎极短，具多数须根。叶丛疏松。叶片近圆形，基部楔形，边缘近掌状 5～11 裂，小裂片线状矩圆形或近三角形，先端钝，无毛，两面有少数小腺体，下面具明显的中肋，侧脉隐蔽。叶柄具狭翅。花葶纤细。花 1～3，生于花葶顶端。花梗疏被小腺体，顶端稍增粗。苞片钻形，基部下延。花萼狭钟状，具 5 棱，分裂深达中部；裂片卵形至矩圆形，先端稍锐尖。花冠玫瑰红色，喉部无环状附属物；裂片阔倒卵形，先端深凹。长花柱花：雄蕊靠近冠筒基部着生，花柱与花萼等高或微高出。短花柱花：雄蕊着生于冠筒中部。蒴果稍短于宿存萼。

【生态习性】多年生矮小草本。生长于高山蔽荫岩缝。生境海拔约 4000m。花期 6～7 月。

【资源属性】中国特有种。《IUCN 濒危物种红色名录》等级：易危（VU）。花色艳丽，具有较高的观赏价值。

龙胆科
Gentianaceae

喉毛花属
Comastoma

皱边喉毛花

Comastoma polycladum (Diels & Gilg) T. N. Ho

【形态特征】植株高 8～20cm。茎基部多分枝。基生叶花期凋谢或宿存，匙形，连柄长 0.6～1.1cm，先端圆。茎生叶椭圆形或椭圆状披针形，长达 2cm，先端钝，边缘外卷，叶缘紫色，皱波状。聚伞花序顶生及腋生。花 5 数。花萼绿色，裂片披针形或卵状披针形，先端渐尖，边缘黑紫色，外卷，皱波状，长于冠筒。花冠蓝色，筒状，喉部具一圈白色副冠，裂至中部；裂片窄长圆形，先端钝圆；副冠 10 束，流苏状条裂。花丝下延与冠筒连接部呈窄翅。蒴果窄椭圆形或椭圆形。种子长圆形。

【生态习性】一年生草本。生长于山坡草地、河滩、山顶潮湿地。生境海拔 2500～3670m。花果期 8～9 月。

【资源属性】中国特有种。《IUCN 濒危物种红色名录》等级：无危（LC）。药用功效与镰萼喉毛花相似。

高山龙胆

Gentiana algida Pall.

【形态特征】植株高 8~20cm。茎 2~4，丛生。叶片多基生，线状椭圆形或线状披针形，长 2~5.5cm，柄长 1~3.5cm。茎生叶 1~3 对，窄椭圆形或椭圆状披针形，长 1.8~2.8cm。花 1~3（~5），顶生，无花梗或具短花梗。花萼钟形或倒锥形，长 2~2.2cm，萼筒膜质，萼齿线状披针形或窄长圆形，长 5~8mm。花冠黄白色，具深蓝色斑点，筒状钟形或漏斗形，长 4~5cm；裂片三角形或卵状三角形，长 5~6mm，褶偏斜，平截。蒴果椭圆状披针形，长 2~3cm。种子具海绵状网隙。

【生态习性】多年生草本。生长于山坡草地、河滩草地、灌丛、林下、高山冻原。生境海拔 1200~5300m。花果期 7~9 月。

【资源属性】泛喜马拉雅及北半球高纬度地区均有分布。青海省重点保护野生植物。《IUCN 濒危物种红色名录》等级：无危（LC）。对感冒发热、肺热咳嗽、咽痛、目赤、小便淋痛、阴囊湿疹等有一定疗效；具有较高的观赏价值。

开张龙胆

Gentiana aperta Maxim.

【形态特征】植株高 2～10cm。茎黄绿色，光滑，下部多分枝，分枝铺散。叶片先端钝，边缘膜质，两面光滑，叶脉不明显。基生叶花期枯萎宿存，卵形。茎生叶疏离，卵形至椭圆形，上部叶狭窄。花数朵，单生于小枝顶，花梗黄绿色。花萼钟形，裂片披针形，先端渐尖，边缘膜质，狭窄，中脉细。花冠开张，蓝色，具深蓝色宽条纹，喉部具黄绿色斑点，钟形；裂片卵状椭圆形，褶矩圆形，上部 2 深裂，小裂片先端急尖，全缘。雄蕊着生于冠筒下部，花丝钻形。子房椭圆形，先端钝，基部渐狭；花柱线形，柱头 2 裂。蒴果矩圆状匙形，先端钝圆，具宽翅，两侧具狭翅。种子浅褐色，椭圆形。

【生态习性】一年生草本。生长于山坡草地、山麓草地、灌丛及河滩。生境海拔 2000～4000m。花果期 6～8 月。

【资源属性】中国特有种。《IUCN 濒危物种红色名录》等级：未评估（NE）。具有较高的观赏价值。

云雾龙胆
Gentiana nubigena Edgew.

【形态特征】植株高 8～17cm。枝 2～5 个丛生，花枝 1 个且直立，紫红色。叶大部分基生，常对折，狭椭圆形至匙形，叶脉 1～3 条。茎生叶 1～3 对，无柄，椭圆状披针形。花 1～2（3），顶生，无花梗或具短的花梗。花萼筒状钟形或倒锥形，萼筒草质，有时膜质，具绿色或蓝色斑点，不开裂，裂片直立。花冠上部蓝色，下部黄白色，具深蓝色的细长的或短的条纹，漏斗形或狭倒锥形。雄蕊着生于冠筒下部，整齐。花丝钻形。子房披针形，花柱明显，柱头 2 裂。蒴果椭圆状披针形，种子黄褐色，有光泽，表面具海绵状网隙。

【生态习性】多年生草本。生长于沼泽草甸、高山灌丛草原、高山草甸、高山流石滩，海拔 3000～5300m。花果期 7～9 月。

【资源属性】泛喜马拉雅广布种。《IUCN 濒危物种红色名录》等级：无危（LC）。具有清湿热、泻肝胆实火、镇咳、利喉、健胃功能，是龙胆属植物中少数未被系统研究过的珍贵药材。

龙胆科
Gentianaceae

龙胆属
Gentiana

伸梗龙胆
Gentiana producta T. N. Ho

【形态特征】植株高6～12cm。茎黄绿色，下部多分枝，分枝铺散，斜升。叶片矩圆状匙形至狭椭圆形，愈向茎上部愈大，先端钝圆，两面光滑，叶脉不明显。基生叶小，花期枯萎宿存。茎生叶疏离。花多数，单生于小枝顶端。花梗黄绿色，光滑。花萼筒状漏斗形，裂片三角形，先端钝，中脉在背面高高突起呈龙骨状，并向萼筒下延成翅。花冠蓝色，喉部具深蓝色条纹；裂片卵状椭圆形，褶宽矩圆形，有不整齐条裂状齿。雄蕊着生于冠筒中部，整齐，花丝丝状，花药线状矩圆形。子房线状椭圆形，两端渐狭；花柱线形，柱头2裂。蒴果内藏，线状矩圆形。种子褐色，线状矩圆形。

【生态习性】一年生草本。生长于山坡草地。《中国植物志》记载生境海拔为400～1700m，但笔者在三江源区海拔4200m也有发现。花果期9月。

【资源属性】中国特有种。《IUCN濒危物种红色名录》等级：数据缺乏（DD）。药用价值与龙胆属其他植物相似；具有较高的观赏价值。

假鳞叶龙胆
Gentiana pseudosquarrosa Harry Sm. in Hand.-Mazz.

【形态特征】植株高 3～6cm。茎紫红色，枝铺散，斜升。叶先端急尖或钝圆，具短小尖头，基部渐狭或圆形。叶柄边缘具短睫毛，背面密生紫色和黄绿色细乳突。基生叶大，卵形或卵状椭圆形。茎生叶小，匙形或倒卵状匙形。花多数，单生于小枝顶端。花梗常带紫红色，藏于最上部叶中。花萼倒锥状筒形，萼筒裂片外翻，绿色卵圆形。花冠蓝紫色，漏斗形，全缘或 2 浅裂。雄蕊着生于冠筒中下部，花丝丝状钻形。子房椭圆形，蒴果外露，倒卵状矩圆形或倒卵形，先端圆形，有宽翅，两侧边缘有狭翅。种子淡褐色，卵圆形。

【生态习性】一年生草本。生长于山坡、山谷、山顶、干草原、河滩、荒地、路边、灌丛及高山草甸。生境海拔 1100～4200m。花果期 4～9 月。

【资源属性】泛喜马拉雅、中亚及西伯利亚均有分布。《IUCN 濒危物种红色名录》等级：无危（LC）。具清热利湿、解毒消肿的功效，主治咽喉肿痛、阑尾炎、白带、尿血，外用治疗疮疡肿毒、淋巴结结核；具有较高的观赏价值。

龙胆科
Gentianaceae

龙胆属
Gentiana

偏翅龙胆

Gentiana pudica Maxim.

【形态特征】植株高 3～12cm。茎基部多分枝，分枝铺散。叶片圆匙形或椭圆形，长 4.5～9mm。基生叶花期枯萎宿存。花单生于枝顶，花梗黄绿色，长 1～2.5cm。花萼带蓝紫色，筒状漏斗形，长 1～1.2cm；裂片三角形，长 2.5～3mm，边缘膜质，中脉龙骨状，向萼筒下延成翅。花冠上部深蓝色或蓝紫色，下部黄绿色，宽筒形或漏斗形，长 2～2.5cm，喉部直径 6～8mm；裂片卵形或卵状椭圆形，长 4～5mm，褶宽长圆形，长 2.5～3.5mm，具不整齐的细齿。蒴果窄长圆形，长 0.8～1cm，边缘无翅。种子具细网纹，幼时一侧具翅。

【生态习性】一年生草本。生长于山坡草地、高山草甸及河滩。生境海拔 2230～5000m。花果期 6～9 月。

【资源属性】中国特有种。《IUCN 濒危物种红色名录》等级：无危（LC）。具清热解毒、利湿消肿的功效；具有较高的观赏价值。

三歧龙胆
Gentiana trichotoma Kusn.

【形态特征】植株高 15～35cm。茎基部被黑褐色枯老的膜质叶鞘。枝 2～7，丛生，为 1～5 营养枝茎和 1～2 花枝。花枝直立，黄绿色或紫红色，中空，近圆形。根茎平卧或斜伸，具略肉质的须根。叶片大部基生，狭椭圆形至倒披针形，先端钝，基部渐狭，叶脉 3。茎生叶 3～5 对，形状与基生叶相似。聚伞花序圆锥状。花 3～8，顶生和腋生，作三歧分枝，花梗不等长。花萼倒锥形。花冠蓝色，具蓝色条纹，狭漏斗形或漏斗形；裂片卵形，先端钝，全缘。雄蕊着生于冠筒中部，花丝线状钻形，花药狭矩圆形。子房线状披针形，柱头 2 裂。蒴果内藏或仅先端外露，狭椭圆形。种子褐色，矩圆形。

【生态习性】多年生草本。生长于高山草甸、高山灌丛草甸及林下。生境海拔 3000～4600m。花果期 7～9 月。

【资源属性】中国特有种。《IUCN 濒危物种红色名录》等级：未评估（NE）。药用价值与龙胆属其他植物相似；具有较高的观赏价值。

白花枝子花

Dracocephalum heterophyllum Benth.

【形态特征】茎高 10～15cm，有时高达 30cm，中部以下具长分枝，四棱形，密被倒向小毛。茎下部叶具长柄，宽卵形至长卵形，先端钝或圆形，基部心形，下面疏被短柔毛或几无毛，边缘被短睫毛及浅圆齿；茎上部叶变小，锯齿常具刺而与苞片相似。轮伞花序生于茎上部叶腋，具 4～8 朵花，各轮花密集，花梗短。苞片较萼稍短，齿具长刺。花萼浅绿色，外面疏被短柔毛，下部较密，边缘被短睫毛，2 裂；上唇 3 裂，齿几等大，三角状卵形，先端具刺，刺长约 15mm，下唇 2 裂。花冠白色，外面密被白色或淡黄色短柔毛。雄蕊无毛。

【生态习性】多年生草本。生长于山地草原及半荒漠的多石干燥地区。生境海拔 1100～5000m。花期 6～8 月。

【资源属性】泛喜马拉雅及中国北方山地均有分布。《IUCN 濒危物种红色名录》等级：无危（LC）。全草入药，治疗高血压、淋巴结核、气管炎等；较好的蜜源植物；中等饲用植物。

岷山毛建草

Dracocephalum purdomii W. W. Sm.

【形态特征】茎高 7～15cm，基部渐升，被柔毛。基出叶约 6，卵状长圆形，先端近圆形，基部截形或心形，边缘密生钝齿，两面疏被伏毛。叶柄长，疏被毛。茎生叶 2 对，与基出叶相似而较小。轮伞花序顶生，密集成球形。苞片倒披针形或狭长圆形，边缘被长睫毛，上部具 5 齿，齿具长刺。花萼筒直，5 齿近等长，上唇中齿宽椭圆形，先端钝，具短刺，边缘被睫毛，其余 4 齿三角状披针形，刺状渐尖，疏被睫毛或无毛。花冠深蓝色，外面密被白色长柔毛，筒部基部细，檐部二唇形，上唇 2 裂，下唇具斑点，3 裂，中裂片伸长。雄蕊稍伸出，花丝被白色柔毛。

【生态习性】多年生草木。生长于高山谷地多石处。生境海拔 2250～3300m。花期 7～8 月。

【资源属性】中国特有种。《IUCN 濒危物种红色名录》等级：无危（LC）。全草入药，具清热消炎、凉血止血的功效，主治外感风热、头痛寒热、喉痛咳嗽、黄疸肝炎等。

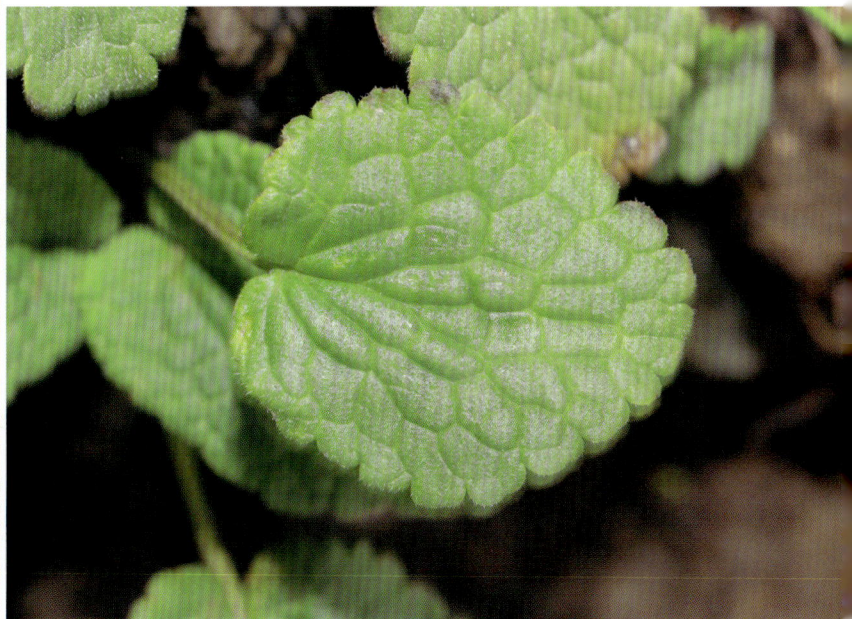

唇形科
Lamiaceae

香薷属
Elsholtzia

密花香薷

Elsholtzia densa Benth.

【形态特征】植株高 20～60cm。茎直立，基部多分枝，被短柔毛。须根密生。叶片披针形或长圆状披针形，基部宽楔形或圆，基部以上具锯齿，两面被短柔毛。叶柄长 0.3～1.3cm，被短柔毛。花序穗状，长 2～6cm，密被紫色念珠状长柔毛。苞片卵圆形，长约 1.5mm，被长柔毛。花萼钟形，长约 1mm，密被念珠状长柔毛；萼齿近三角形，后 3 齿稍长；果萼近球形，齿反折。花冠淡紫色，长约 2.5mm，密被紫色念珠状长柔毛，筒部漏斗形，上唇先端微缺，下唇中裂片较侧裂片短。小坚果暗褐色，卵球形，长 2mm，被微柔毛，顶端具疣点。

【生态习性】一年生草本。生长于林缘、高山草甸、林下、河边及山坡荒地。生境海拔 1800～4100m 及以上。花果期 7～10 月。

【资源属性】泛喜马拉雅广布种。《IUCN 濒危物种红色名录》等级：未评估（NE）。全草入药，具治夏季感冒、发热无汗、中暑急性胃炎、胸闷、口臭、小便不利的功效；重要的蜜源植物；可提取芳香油。

唇形科
Lamiaceae

绵参属
Eriophyton

绵参

Eriophyton wallichii Benth.

【形态特征】植株高 10～20cm。茎不分枝，质硬，被绵毛。根肥厚，柱状。叶片菱形或近圆形，茎基部叶鳞片状，近无柄。轮伞花序，具 6 朵花，密集或下部疏散，无花梗。小苞片刺状。花萼宽钟形，稍透明，具 10 脉；萼齿 5，近等大，三角形，先端渐尖。花冠紫红色，筒部内藏，上唇盔状，覆盖下唇，下唇近张开，3 裂，中裂片稍大，先端微缺或圆，侧裂片圆形。雄蕊 4，前对较长，顶端具突起，上升至上唇之下，后对基部厚，花药成对靠近。子房无毛，柱头近相等 2 浅裂，裂片钻形。小坚果宽倒卵球状三棱形，淡黄褐色，顶端圆，平滑。

【生态习性】多年生草本。生长于高山强度风化坍积形成的乱石堆中。生境海拔 2700～4700m。花期 7～9 月，果期 9～10 月。

【资源属性】泛喜马拉雅广布种。《IUCN 濒危物种红色名录》等级：无危（LC）。具清热、止咳、祛痰、排脓、疗伤接脉的功效，主治肺脓肿、肺结核、脏腑内伤等。

王舰艇 摄

毛穗夏至草

Lagopsis eriostachys (Benth.) Ikonn.-Gal. ex Knorring

【形态特征】茎高 25～30cm，直立，基部稍分枝，四棱，紫色，被蜷曲绵状毛。主根圆锥形。叶片肾状圆形，掌状 5 深裂；裂片卵形，先端有钝圆齿，基部心形。苞叶较小，3 裂。叶片两面绿色，上面多少被柔毛，脉纹凹陷，下面疏被柔毛及腺点。轮伞花序腋生，多数花密集成顶生的长卵形穗状花序，花序密被白色绵状毛，无花梗。小苞片针刺状。花萼管状钟形，密被绵状毛或短柔毛。花冠褐紫色，外面与檐部被柔毛，内面无毛；筒部圆柱形，不伸出萼筒；檐部二唇形，上唇卵圆形，下唇 3 浅裂，中裂片阔卵圆形，先端明显微凹，两侧裂片椭圆形。

【生态习性】多年生草本，具圆锥形主根。生长于山坡碎石。生境海拔 3350～4000m。花期 8 月。

【资源属性】泛喜马拉雅、蒙古国及西伯利亚均有分布。《IUCN 濒危物种红色名录》等级：无危（LC）。全草入药；提取物具改善血液和淋巴微循环障碍、保护心肌、抗炎、抗氧化等多种药理活性。

鹬形马先蒿

Pedicularis scolopax Maxim.

【形态特征】植株高达 20cm 以上。根颈端有膜质鳞片 2～3 轮，发出多条枝。根茎细长，下有粗肥的纺锤状根。基生叶少数，早枯。茎生叶茂密，对生或 3～4 枚轮生，上部叶线状长圆形至长圆状披针形，羽状全裂。花序穗状，生于茎枝端；花 4～6，轮生。苞片下部者长于花，上部者与花等长或较短，基部向茎上部渐扩大为广卵形。萼瓶状膨大，口收缩，膜质；脉 10，明显，高突，沿脉被短柔毛，前方稍开裂；齿 5，基部均为三角形全缘，膜质，后方 1 枚较小，后侧方 2 枚最大，披针形而长，具锯齿，前侧方 2 枚较小。花冠黄色，花冠管细长。

【生态习性】多年生草本。生长于高山稀疏灌丛，喜质松干燥土壤。生境海拔 3500～4100m。花期 6 月。

【资源属性】中国特有种。《IUCN 濒危物种红色名录》等级：无危（LC）。药用价值不详。

淡黄香青
Anaphalis flavescens Hand.-Mazz.

【形态特征】植株高5～25cm。茎被灰白色蛛丝状绵毛，稀被白色厚绵毛。根状茎细长，匍枝具顶生莲座叶丛。莲座叶倒披针状长圆形，长1.5～5cm，下部渐窄成长柄。茎下部及中部叶长圆状披针形或披针形，长2.5～5cm，基部下延成窄翅；茎上部叶窄披针形，长1～1.5cm。叶片被灰白色或黄白色蛛丝状绵毛或白色绵毛，离基3出脉。头状花序密集成伞房状或复伞房状。总苞宽钟状，长0.8～1cm。总苞片4～5层，外层椭圆形，黄褐色，基部密被绵毛，内层披针形，上部淡黄色或黄白色，最内层线状披针形，具长爪。瘦果长圆形，长1.5～1.8mm，密被乳突。

【生态习性】多年生草本。生长于高山、亚高山坡地、草地及林下。生境海拔2800～4700m。花期8～9月，果期9～10月。

【资源属性】泛喜马拉雅及秦岭广布种。《IUCN濒危物种红色名录》等级：未评估（NE）。全草入药，能清热燥湿，用于治疗疮癣。

盘花垂头菊

Cremanthodium discoideum Maxim.

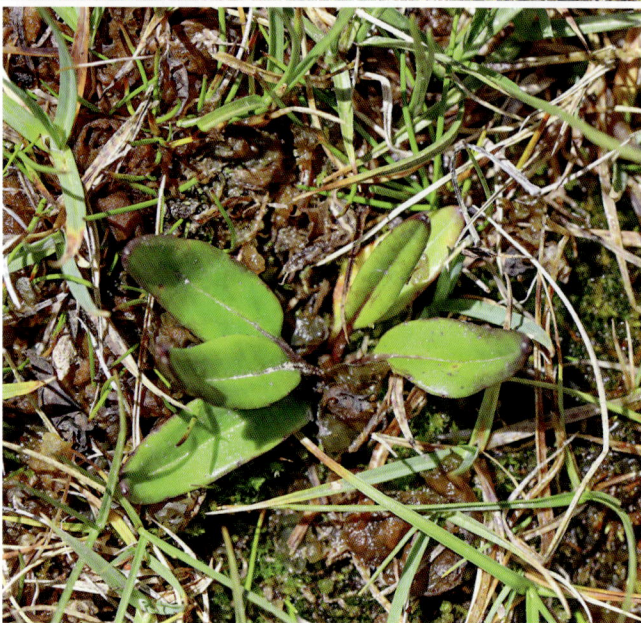

【形态特征】茎高 15～30cm，单生，直立，上部被白色和紫褐色有节长柔毛，下部光滑。根肉质，多数。丛生叶和茎基部叶卵状长圆形或卵状披针形，先端钝，全缘，稀具小齿，基部圆形，两面光滑，上面深绿色，下面灰绿色；叶脉羽状，两面均不明显。叶柄长 1～6cm，光滑，基部鞘状。茎生叶少，下部叶无柄，披针形，半抱茎，上部叶线形。头状花序单生，下垂，盘状。总苞半球形，密被黑褐色有节长柔毛。总苞片 2 层 8～10 枚，线状披针形，宽 1～3mm，先端渐尖或急尖。小花多数，紫黑色，全部管状。瘦果圆柱形，光滑。冠毛白色，与花冠等长或略长。

【生态习性】多年生草本。生长于林中、草坡、高山流石滩、沼泽地。生境海拔 3000～5400m。花果期 6～8 月。

【资源属性】泛喜马拉雅广布种。《IUCN 濒危物种红色名录》等级：无危（LC）。传统藏药，全草入药，具消炎解毒、消肿、健胃、止咳等疗效；提取物含具抗癌活性的成分。

车前状垂头菊
Cremanthodium ellisii (Hook. f.) Kitam.

【形态特征】茎高 8～60cm，不分枝或上部花序有分枝，密被铁灰色长柔毛。丛生叶卵形至长圆形，全缘或具小齿或缺齿，稀浅裂，基部下延，两面无毛或幼时疏被白色柔毛，叶脉羽状。叶柄常紫红色，基部具筒状鞘。茎生叶卵形、卵状长圆形或线形，全缘或具齿，半抱茎。头状花序 1～5，通常单生或排列成伞房状总状花序，辐射状。总苞半球形，长 0.8～1.7cm，直径 1～2.5cm，密被铁灰色柔毛。总苞片 2 层 8～14 枚，宽 2～9mm，先端尖，外层披针形，内层宽，卵状披针形。舌状花黄色，舌片长圆形，长 1～1.7cm。管状花多数，深黄色，长 6～7mm。冠毛白色，与管状花花冠等长。

【生态习性】多年生草本。生长于高山流石滩、沼泽草地、河滩。生境海拔 3400～5600m。花果期 7～10 月。

【资源属性】泛喜马拉雅广布种。《IUCN 濒危物种红色名录》等级：无危（LC）。能祛痰止咳、宽胸利气，主治痰喘咳嗽、痨伤及老年虚弱头痛。

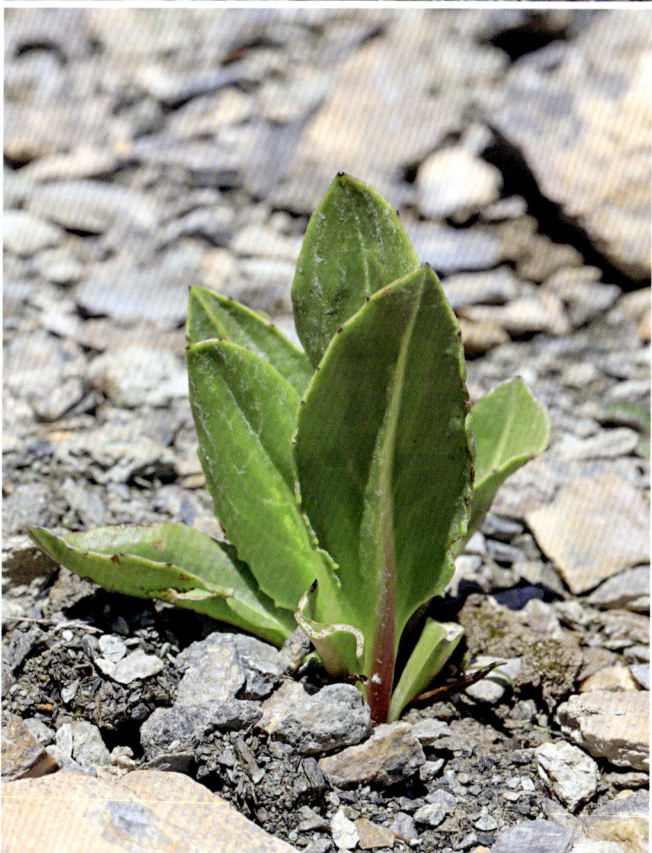

重齿风毛菊
Saussurea katochaete Maxim.

【形态特征】植株低矮，营养期贴地生长，花果期茎略伸长，高3～5cm。叶莲座状，卵状三角形或卵圆形，边缘有细密尖齿或重锯齿，上面无毛，下面密被白色绒毛，侧脉多对。叶柄宽，长1.5～6cm，疏被蛛丝毛或无毛。头状花序单生于莲座状叶丛中，总苞宽钟形，径达4cm，总苞片4层，背面无毛，外层三角形或卵状披针形，长9mm，边缘紫黑色窄膜质。小花紫色。瘦果褐色，长4mm，三棱状。冠毛2层，浅褐色，外层糙毛状，反折包瘦果，内层羽毛状。

【生态习性】多年生无茎莲座状草本。生长于林缘、潮湿草甸及草线附近，海拔2230～4700m。花果期7～10月。

【资源属性】泛喜马拉雅广布种。《IUCN濒危物种红色名录》等级：无危（LC）。同其他风毛菊属物种相似可全草入药，具有祛风活络，散瘀止痛的功效。

狮牙草状风毛菊
Saussurea leontodontoides (DC.) Sch. Bip.

【形态特征】植株高 4～10cm。茎极短，灰白色，被稠密的蛛丝状绵毛至无毛。根状茎有分枝，被稠密的暗紫色叶柄残迹。叶片莲座状，有叶柄，线状长椭圆形，羽状全裂；侧裂片 8～12 对，椭圆形、半圆形或几三角形，顶端圆形或钝，有小尖头，全缘或一侧边缘基部有一小耳，顶裂片小，钝三角形；裂片上面绿色，被稀疏糙毛，下面灰白色，被稠密绒毛。头状花序单生于莲座叶丛。总苞宽钟状，总苞片 5 层，无毛，外层及中层披针形，顶端渐尖，内层线形，顶端急尖。小花紫红色。瘦果圆柱形，具横皱纹。冠毛淡褐色，2 层，外层短，糙毛状，内层长，羽毛状。

【生态习性】多年生草本。生长于山坡砾石地、林间砾石地、草地、林缘、灌丛边缘。生境海拔 3280～5450m。花果期 8～10 月。

【资源属性】泛喜马拉雅广布种。《IUCN 濒危物种红色名录》等级：无危（LC）。药用价值不详。

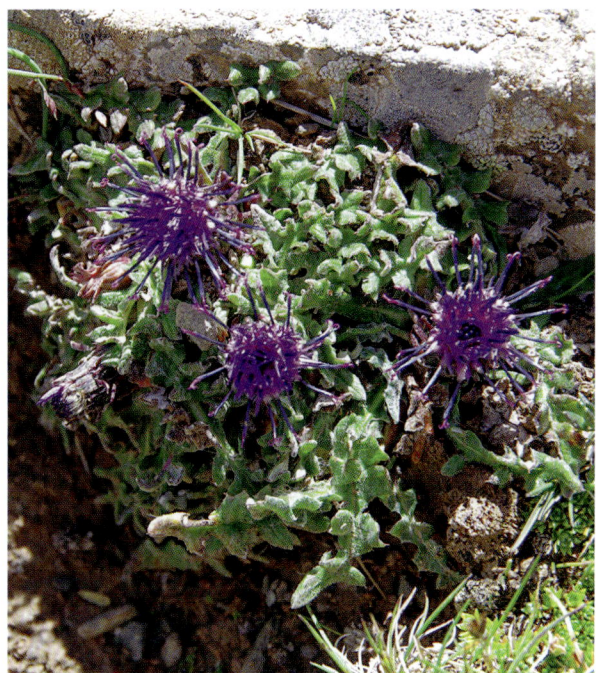

水母雪兔子
Saussurea medusa Maxim.

【形态特征】茎直立，密被白色绵毛。根状茎细长，有黑褐色残存叶柄，具分枝，上部发出数个莲座叶丛。叶片密集，两面灰绿色，被白色长绵毛。茎下部叶倒卵形、扇形、圆形、长圆形或菱形，连叶柄长达10cm，宽0.5～3cm，上半部边缘具8～12粗齿；茎上部叶卵形或卵状披针形，最上部叶线形或线状披针形，边缘具细齿。头状花序在茎端密集成半球形总花序，为被绵毛的苞片所包围或半包围。总苞窄圆柱状，总苞片3层，近等长，外层长椭圆形，背面被白色或褐色绵毛，中层及内层披针形。小花蓝紫色。瘦果纺锤形，浅褐色。冠毛2层，白色，外层糙毛状，内层羽毛状。

【生态习性】多年生多次结实草本。生长于多砾石山坡、高山流石滩。生境海拔3000～5600m。花果期7～9月。

【资源属性】泛喜马拉雅广布种。国家二级重点保护野生植物。青海省重点保护野生植物。《IUCN濒危物种红色名录》等级：数据缺乏（DD）。全草具清热解毒、消肿止痛的功效，用于治疗头部创伤、炭疽病、热性刺痛、妇科病、类风湿性关节炎、中风。

钝苞雪莲
Saussurea nigrescens Maxim.

【形态特征】植株高 15～45cm。茎簇生或单生，直立，被稀疏长柔毛，基部被残存叶柄。根状茎细。基生叶有柄，线状披针形，顶端渐尖，基部楔形渐狭，边缘具倒生细尖齿，两面被稀疏长柔毛或后变无毛。中、上部茎生叶渐小，无柄，顶端急尖或渐尖，基部半抱茎；最上部茎生叶小，紫色。头状花序 1～6 个在茎顶排列成伞房状，小花梗长，直立，被稀疏长柔毛。总苞狭钟状，总苞片 4～5 层，干后褐色，顶端稍钝，外面被白色长柔毛，外层卵形，向内渐长呈披针形。小花紫色。瘦果长圆形。冠毛污白色或淡棕色，外层短，糙毛状，内层长，羽毛状。

【生态习性】多年生草本。生长于高山草地。生境海拔 2200～3000m。花果期 9～10 月。

【资源属性】中国特有种。《IUCN 濒危物种红色名录》等级：无危（LC）。全草具活血调经、祛风除湿、清热明目的功效。

红叶雪兔子
Saussurea paxiana Diels

【形态特征】茎高 5～14cm，紫红色，被黄褐色绵毛。根状茎短，被褐色残存叶柄。基生叶与下部茎生叶椭圆形至椭圆状披针形，顶端急尖或渐尖，边缘具锯齿，基部楔形并渐狭成宽柄，被稠密绵毛，柄基扩大，两面异色无毛，上面绿色，下面紫红色。中部茎生叶小。最上部茎生叶长圆形或披针形，下半部被褐色绵毛。头状花序少数（2～5 个）在茎端密集成半球形总花序。总苞长圆状，总苞片 4 层，被褐色绵毛，由外至内由三角形至长披针形或长椭圆状线形，顶端急尖。小花深红色。瘦果圆柱状，褐色。冠毛 2 层，外层短，糙毛状，内层长，羽毛状。

【生态习性】多年生有茎草本。生长于高山流石滩。生境海拔 4350～4800m。花果期 6～8 月。

【资源属性】中国特有种。《IUCN 濒危物种红色名录》等级：数据缺乏（DD）。全草具清热解毒的功效。

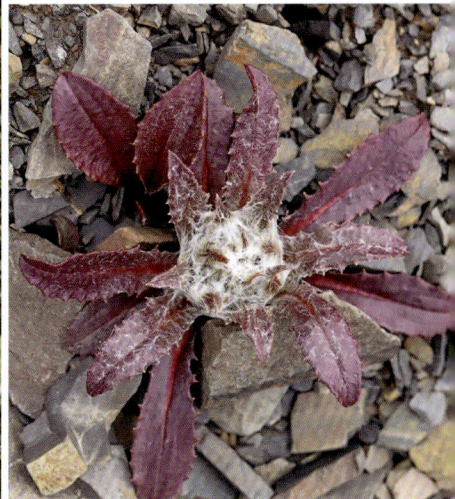

褐花雪莲

Saussurea phaeantha Maxim.

【形态特征】植株高 15～30（40）cm。茎直立，被长柔毛，基部被褐色叶柄残迹。根状茎斜升。基生叶披针形，顶端渐尖，基部渐狭成短柄或无柄，边缘具细齿，上面被白色柔毛，下面被绵毛或蛛丝毛。茎生叶渐小，披针形，无柄，基部半抱茎；最上部叶苞叶状，包围头状花序，椭圆形或披针形，紫色，全缘。头状花序小，5～15 个在茎顶密集成伞房状总花序，无小花梗或小花梗极短。总苞卵状钟形，总苞片 4 层，紫褐色，外面被白色长柔毛，从外至内由卵状披针形至线状披针形。小花褐紫色。瘦果长圆形，紫褐色。冠毛污白色，外层短，糙毛状，内层长，羽毛状。

【生态习性】多年生草本。生长于草甸、沼泽地及高山草地。生境海拔 3800～4500m。花果期 6～9 月

【资源属性】中国特有种。《IUCN 濒危物种红色名录》等级：无危（LC）。全草、根具清热解毒、祛风透疹的功效。

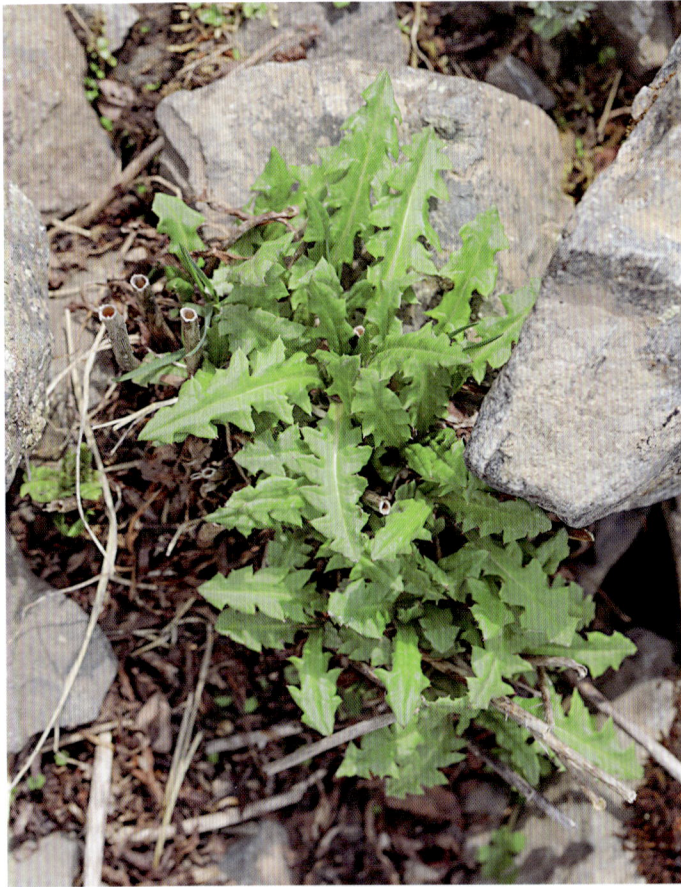

弯齿风毛菊
Saussurea przewalskii Maxim.

【形态特征】植株高（6）15～25cm。茎黑紫色，被白色蛛丝状绵毛。根状茎粗，颈部被褐色鞘状残迹。基生叶长椭圆形，羽状浅裂或半裂；侧裂片4～6对，三角形，疏生小齿，基部渐窄成翼柄，柄基鞘状。茎生叶3～4，与基生叶同形并等样分裂，具短柄。花序下部叶线状披针形，羽状浅裂或半裂，无柄。叶片上面疏被蛛丝毛或无毛，下面密被白色蛛丝状绒毛。头状花序6～8，集成球形。总苞卵圆形，总苞片5层，上部黑紫色或紫色，背面疏被白色长柔毛，外层卵状披针形，中层椭圆形，内层长椭圆形。瘦果圆柱状，无毛。冠毛污褐色，2层。

【生态习性】多年生草本。生长于山坡灌丛草地、流石滩、云杉林缘。生境海拔3800～4800m。花果期7～9月。

【资源属性】泛喜马拉雅及秦岭广布种。《IUCN濒危物种红色名录》等级：无危（LC）。药用价值不详。

菊科
Asteraceae

黄鹌菜属
Youngia

无茎黄鹌菜
Youngia simulatrix (Babc.) Babc. & Stebbins

【形态特征】茎极短缩，长约 1cm，顶端有极短的花序分枝，茎枝无毛。根垂直直伸，根颈被褐色残存叶柄。叶片莲座状，倒披针形，具基部渐狭的叶柄，顶端圆形、急尖或短渐尖，全缘或具波状浅钝齿或稀疏凹尖齿，两面被不明显多细胞节毛或脱毛。头状花序具 13～18 舌状小花，4～7 个密集簇生于莲座叶丛或莲座叶丛顶端，花序梗无毛。总苞圆柱状钟形，干后黑绿色或淡黄绿色。总苞片 4 层，无毛，中、外层极短，卵形，内层及最内层长，披针形。舌状小花黄色。瘦果黑褐色，纺锤状。冠毛 2 层，白色，微糙。

【生态习性】多年生矮小丛生草本。生长于山坡草地、河滩砾石地、河谷草滩地。生境海拔 2700～5000m。花果期 7～8 月。

【资源属性】泛喜马拉雅广布种。《IUCN 濒危物种红色名录》等级：无危（LC）。具缓解牙痛、感冒、咽喉疼痛、解毒利尿的功效，可治疗尿路感染、痢疾等。

华福花

Sinadoxa corydalifolia C. Y. Wu, Z. L. Wu & R. F. Huang

【形态特征】全株光滑。茎直立，高 10～25cm，2～4 条丛生，有须根。基生叶约 10，一至二回羽状三出复叶，卵状披针形，不整齐浅裂或羽状深裂至全裂；裂片 3 至多数浅裂或中裂，两侧小叶卵形，3 浅裂；叶柄近基部具膜质边缘。茎生叶 2，较小，对生，三出复叶，常 3 或 5 浅裂。花小，黄绿色，具 3～5 朵花的团伞花序排成间断穗状花序，最下部的具长梗，生于茎生叶叶腋。花萼杯状，肉质，常 3 裂，脊上具狭翅。花冠辐状，3～4 裂，具短管。雄蕊与冠筒裂片同数、互生，着生冠筒口部，2 裂至近基部；花丝狭线形；花药黄色，圆形，直径约 0.5mm。柱头 1，无花柱。

【生态习性】典型的多年生多汁阴性草本。生长于高山流石滩的潮湿石壁下或季节性沟峪的跌水陡壁下部。生境海拔 3900～4800m。花期 7 月。

【资源属性】本属唯一物种，因气候变化和人类活动影响，生境退化或丧失，目前仅青藏高原东部（玉树囊谦）有分布，属极小种群。中国特有种。国家二级重点保护野生植物。《IUCN 濒危物种红色名录》等级：易危（VU）。华福花意为中华独有之花，华夏有福之独特寓意，使其在科学与文化意义方面均具有优先保护的价值。

毛果缬草
Valeriana hirticalyx L. C. Chiu

【形态特征】植株高（5～）10（～18）cm。茎直立单生，略呈红色，疏被粗毛。根状茎短而不明显，簇生带状须根，匍枝细长。茎生叶 2（～3）对，倒卵形，羽状分裂，裂度中等，不达中肋而形成叶轴；裂片 3～9，长圆形至倒卵形，全缘，顶裂片与最前的 1 对侧裂片挤生在一起，侧裂片与顶裂片同形，互相疏离，愈向叶柄基部愈小。叶柄宽，近膜质，向上渐短至无柄，边缘有粗毛。聚伞花序头状，顶生。小苞片匙形至披针形。花冠红色，筒状，裂片椭圆状长圆形，筒部内侧具长柔毛。雌雄蕊均伸出花冠。瘦果椭圆状卵形，两面密被粗长毛。

【生态习性】矮小草本。生长于灌丛草坡、石砾地。生境海拔 4100～4300m。花期 7～8 月，果期 8～9 月。

【资源属性】中国特有种。《IUCN 濒危物种红色名录》等级：未评估（NE）。能安神、祛风湿、行气血、止痛，用于治疗风湿痹痛、脘腹胀痛、痛经、跌打损伤等。

黑柴胡

Bupleurum smithii H. Wolff

【形态特征】植株高 25~60cm。茎直立或斜升，粗壮，具纵槽纹。根黑褐色，质松，多分枝。叶片多，质厚。基部叶丛生，狭长圆形至倒披针形，顶端钝或急尖，有小突尖，基部渐狭成柄，叶基带紫红色，扩大抱茎，叶脉 7~9，叶缘白色，膜质；叶柄宽狭变化很大，长短也不一致。中部茎生叶狭长圆形或倒披针形，下部窄成短柄或无柄，顶端短渐尖，基部抱茎，叶脉 11~15。序托叶长卵形，基部扩大，顶端长渐尖，叶脉 21~31。总苞片 1~2 或无。伞辐 4~9，挺直，不等长，有明显的棱。小总苞片 6~9，卵形至阔卵形。果实棕色，卵形，棱薄，狭翼状。每棱槽具 3 油管，合生面具 3~4 油管。

【生态习性】多年生草本。生长于山坡草地、山谷、山顶阴处。生境海拔 1400~3400m。花期 7~8 月，果期 8~9 月。

【资源属性】中国特有种。青海省重点保护野生植物。《IUCN 濒危物种红色名录》等级：未评估（NE）。能疏散退热、和解少阳、祛风除痹、疏肝解郁。

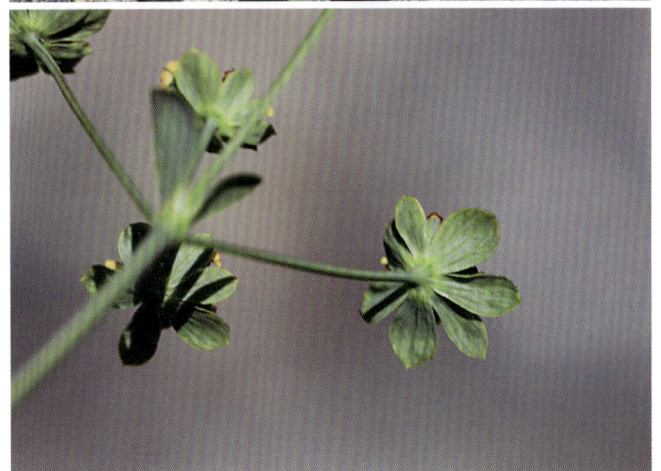

粗茎滇藁本

Hymenidium wilsonii (H. Boissieu) Pimenov & Kljuykov

【形态特征】植株高 20～90cm。茎直伸，淡紫色，近无毛。基生叶长圆形，长 3～7cm，近二回羽状分裂；一回羽片 6～9 对，下部羽片有短柄，上部羽片近无柄，小裂片窄卵形或披针形，长 4～5mm，宽 1.5～2mm，不裂或 2～3 裂。叶柄扁，长 2.5～4cm，下部鞘状。复伞形花序顶生，直径 4～6cm。总苞片 5～8，叶状，长 1.5～4cm，下部具膜质宽边缘，上部羽裂。伞辐 7～15，长 2～5cm。小总苞片 5～8，宽卵形，长 0.7～1.1cm，上部羽裂，具膜质宽边缘。花多数，花梗长 2～4mm。花瓣白色或带粉红色，宽卵形。果实长圆形，长约 3mm，棱有较宽波状褶皱，密生水泡状突起。每棱槽具 1～2 油管，合生面具 2 油管。

【生态习性】多年生草本。生长于山坡草地。生境海拔 3000～4500m。花果期 9～10 月。

【资源属性】中国特有种。《IUCN 濒危物种红色名录》等级：未评估（NE）。药用功效与滇藁本属其他植物相似。

长茎藁本

Ligusticum thomsonii C. B. Clarke

【形态特征】植株高 20～90cm。茎多数，自基部丛生，具条棱及纵沟纹。根圆柱形，长达 15cm。基生叶柄长 2～10cm，一回羽裂；羽片 5～9 对，卵圆形或长圆形，长 0.5～2cm，宽 0.5～1cm，沿叶脉疏生柔毛，有不规则锯齿或深裂。茎生叶 1～3，较小。复伞形花序顶生，直径 4～6cm，侧生花序较小或不育。总苞片 5～6（～8），线形，具膜质窄边缘。伞辐 10～20，长 1～2.5cm。小总苞片 10～15，线形或线状披针形，具膜质窄边缘。花瓣白色，卵形，长约 1mm，具内折小舌片，萼齿细小。胚乳腹面平直。果实长圆状卵形，背腹扁，背棱线形，侧棱较宽，窄翅状。每棱槽具 2～4 油管，合生面具 6～8 油管。

【生态习性】多年生草本。生长于林缘、灌丛及草地。生境海拔 2200～4200m。花期 7～8 月，果期 9 月。

【资源属性】泛喜马拉雅广布种。《IUCN 濒危物种红色名录》等级：无危（LC）。能祛风胜湿、散寒止痛，用于治疗风寒头痛、风湿痹痛、疥癣、寒湿泄泻、腹痛。

裂叶大瓣芹

Semenovia malcolmii (Hemsl. & H. Pearson) Pimenov

【形态特征】植株高 5～45cm。根茎长约 20cm。基生叶柄长约 10cm，披针形，长 2.5～6cm，宽 2.5～3.5cm，三至四回羽裂；小裂片线形或披针形，长 0.5～1cm，先端尖，内弯。茎生叶短。复伞形花序梗长 20～25cm。总苞片 4～5，披针形，长 5～7mm。伞辐 7～9，长 1.5～3cm。伞形花序有数花。小总苞片线形或丝状，有毛。花瓣白色，长 1.5mm，辐射瓣长 4～6mm，先端 2 裂，萼齿细小。果实椭圆形，长 5～6mm，有柔毛，背棱较细。每棱槽具 1 油管，合生面具 2 油管。

【生态习性】多年生草本。生长于山顶或砂砾沟谷草甸。生境海拔 3800～5000m。花果期 7～9 月。

【资源属性】中国特有种。《IUCN 濒危物种红色名录》等级：未评估（NE）。能滋补、健胃，用于治疗消化不良、肾炎、腰疼。

参考文献

陈金元，杜维波，苏旭．2022.青海省国家重点保护野生植物名录：基于国家重点保护野生植物名录 (2021 版)[J].草业学报，31(9): 1-12.

程国栋，赵林，李韧，等．2019.青藏高原多年冻土特征、变化及影响 [J].科学通报，64(27): 2783-2795.

帝尔玛·丹增彭措．1986.晶珠本草 [M].上海：上海科学技术出版社．

国家林业和草原局．2021.国家重点保护野生植物 (2021 版)[M].北京：中国林业出版社．

何永涛，石培礼，闫巍．2010.高山垫状植物的生态系统工程师效应研究进展 [J].生态学杂志，29(6): 1221-1227.

黄荣福．1994.青海可可西里地区垫状植物 [J].植物学报，(2): 130-137.

李吉均．1983.大陆性气候高山冰缘带的地貌过程 [J].冰川冻土，5(1): 1-16.

林笠，王其兵，张振华，等．2017.温暖化加剧青藏高原高寒草甸土非生长季冻融循环 [J].北京大学学报 (自然科学版), 53(1): 171-178.

刘冰，叶建飞，刘夙，等．2015.中国被子植物科属概览：依据 APG Ⅲ系统 [J].生物多样性，23(2): 225-231.

孟丰收，石培礼，闫巍，等．2013.垫状植物在高山生态系统中的功能：格局与机制 [J].应用与环境生物学报，19(4): 561-568.

彭德力．2015.横断山区高山冰缘带植物繁殖特征和适应策略：以性系统和"绒毛植物"绵参为例 [D].昆明：云南大学博士学位论文．

青海省林业和草原局．2010.青海省第一批重点保护野生植物名录 [M].西宁：青海人民出版社．

青海省林业和草原局．2015.青海省第二批重点保护野生植物名录 [M].西宁：青海人民出版社．

青海省生物研究所．1972.青藏高原药物图鉴 [M].西宁：青海人民出版社．

青海省药用植物资源开发研究所．2016.青海野生药用植物 [M].西宁：青海人民出版社．

饶晓琴．2003.青藏高原地区太阳紫外辐射的观测资料分析与数值模拟研究 [D].北京：中国气象科学研究院硕士学位论文．

王晓雄，乐霁培，孙航，等．2011.青藏高原高山流石滩特有植物绵参的谱系地理学研究 [J].植物分类与资源学报，33(6): 605-614.

吴玉虎．2014.昆仑植物志 (1-4 卷)[M].重庆：重庆出版社．

吴征镒，李锡文．1977.中国植物志 [M].北京：科学出版社．

徐波，李志．2014.横断山高山冰缘带种子植物 [M].北京：科学出版社．

杨扬，陈建国，宋波，等．2019.青藏高原冰缘植物多样性与适应机制研究进展 [J].科学通报，64(27): 2856-2864.